钢铁行业岗位技能培训教材

大气和废气监测

王卫红　主编

中国劳动社会保障出版社

图书在版编目(CIP)数据

大气和废气监测/王卫红主编. —北京：中国劳动社会保障出版社，2016
钢铁行业岗位技能培训教材
ISBN 978 - 7 - 5167 - 2594 - 8

Ⅰ.①大… Ⅱ.①王… Ⅲ.①大气监测-岗位培训-教材 Ⅳ.①X831

中国版本图书馆 CIP 数据核字(2016)第 170732 号

中国劳动社会保障出版社出版发行
（北京市惠新东街 1 号 邮政编码：100029）
*
北京市艺辉印刷有限公司印刷装订 新华书店经销
787 毫米 ×1092 毫米 16 开本 7 印张 151 千字
2016 年 7 月第 1 版 2016 年 7 月第 1 次印刷
定价：20.00 元

读者服务部电话：（010）64929211/64921644/84626437
营销部电话：（010）64961894
出版社网址：http://www.class.com.cn

教材编审委员会

本书编写人员

主　编　王卫红

编　者　邓德敏　黄立丽

编 写 说 明

本教材紧密联系大气和废气监测岗位技能人才的实际需求，结合环境监测工作的特点，以实际操作项目为核心，融大气和废气监测相关理论知识为一体。教材以最新环境监测标准和规范为依据，设计了大气和废气监测基本技能训练任务十三个，分为三篇。其中，环境空气气体状态污染物监测篇实训项目有：环境空气 氮氧化物的测定、环境空气 二氧化硫的测定、环境空气 一氧化碳的测定、环境空气 臭氧的测定、环境空气 氨的测定、环境空气 硫化氢的测定、环境空气 硫酸盐化速率的测定；空气颗粒污染物监测篇的实训项目有：空气总悬浮颗粒物（TSP）的测定、可吸入颗粒物（PM_{10}）的测定、环境空气 降尘的测定、环境空气 铅的测定；污染源监测篇的实训项目有：饮食业油烟的监测、固定污染源采样。

在编写过程中，以实用为出发点，通过大气和废气监测项目的实训，强化学员的环境监测职业技能，使其具备适应本行业、企业就业需要的专业技能。

本书可作为各级各类培训机构进行环境工程或环境检测类专业技能的实训指导用书，也可供有关专业及环保技术人员参考。

目　录

第一篇　环境空气　气体状态污染物监测

第二篇　空气颗粒污染物监测

第三篇　污染源监测

第一篇　环境空气气体状态污染物监测

实训项目一　环境空气氮氧化物的测定

一、氮氧化物测定概述

氮氧化物以 NO_x 表示，包括 NO、NO_2、N_2O_3、N_2O_4、N_2O_5、N_2O 等多种形式。大气中的氮氧化物主要以 NO 和 NO_2 的形式存在，它们主要来源于化石燃料高温燃烧和硝酸、化肥等生产排放的废气，以及汽车尾气。

NO 无色、无臭，微溶于水，在大气中易被氧化为 NO_2。NO_2 为红棕色，具有强刺激性臭味，是引起支气管炎等呼吸道疾病的有害物质。大气中 NO、NO_2 可以分别测定，也可以测定二者的总量。常用的方法有盐酸萘乙二胺分光光度法、化学发光法和定电位电解法。

1．盐酸萘乙二胺分光光度法

（1）方法原理。如图 1—1 所示，空气中的二氧化氮被串联的第一只吸收瓶中的吸收液吸收并反应生成粉红色偶氮染料。空气中的一氧化氮不与吸收液反应，通过氧化管时被酸性高锰酸钾溶液氧化为二氧化氮，被串联的第二只吸收瓶中的吸收液吸收并反应生成粉红色偶氮染料。生成的偶氮染料在波长 540 nm 处的吸光度与二氧化氮的含量成正比。分别测定第一只和第二只吸收瓶中样品的吸光度，计算两只吸收瓶内二氧化氮和一氧化氮的质量浓度，二者之和即为氮氧化物的质量浓度（以二氧化氮计）。

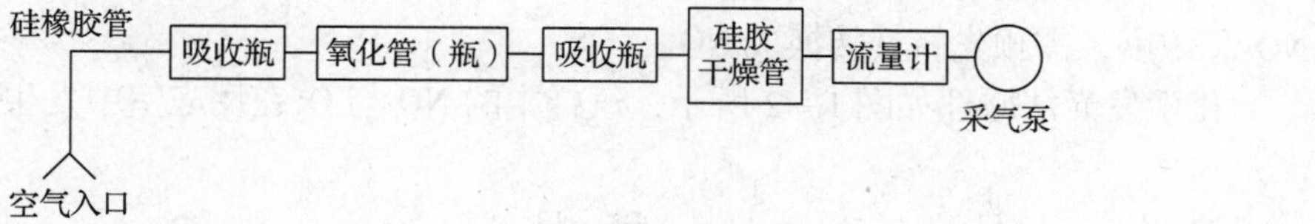

硅橡胶管
吸收瓶—氧化管（瓶）—吸收瓶—硅胶干燥管—流量计—采气泵
空气入口

图 1—1　NO、NO_2 采样系统示意

反应式：$2NO_2 + H_2O = HNO_2 + HNO_3$

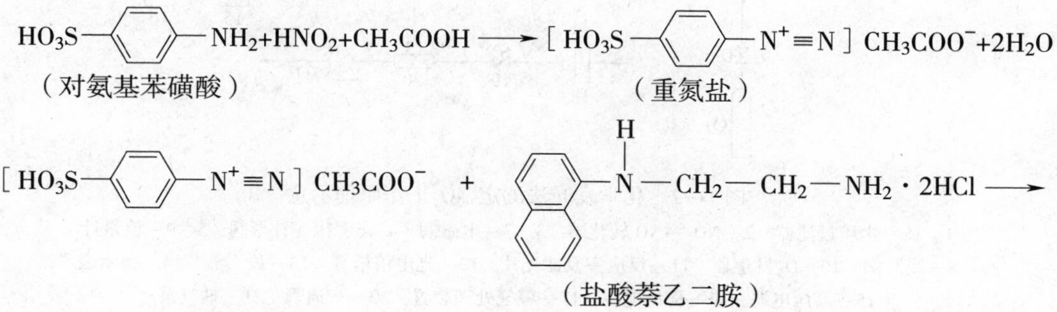

$$HO_3S-C_6H_4-NH_2 + HNO_2 + CH_3COOH \longrightarrow [HO_3S-C_6H_4-N^+\equiv N]CH_3COO^- + 2H_2O$$

（对氨基苯磺酸）　　　　（重氮盐）

$$[HO_3S-C_6H_4-N^+\equiv N]CH_3COO^- + C_{10}H_7-NH-CH_2-CH_2-NH_2\cdot 2HCl \longrightarrow$$

（盐酸萘乙二胺）

$HO_3S-C_6H_4-N=N-C_{10}H_6-NH-CH_2-CH_2-NH_2$ $+CH_3COOH+2HCl$

（玫瑰红色偶氮染料）

（2）检测范围。方法检出限为0.36 μg/10 mL。当吸收液体积为10 mL，采样体积为24 L时，空气中氮氧化物的检出限为0.015 mg/m³。当吸收液体积为50 mL，采样体积为288 L时，空气中氮氧化物的检出浓度为0.006 mg/m³，此方法测定环境空气中氮氧化物的测定范围为0.024～2.0 mg/m³。

2. 化学发光法

（1）方法原理。利用化合物分子吸收化学能后被激发到激发态，在返回到基态时以一定波长的光量子的形式释放出能量。通过测量化学发光强度对化合物进行定量测定的方法称为化学发光分析法。

$$NO + O_3 \rightarrow NO_2^* + O_2$$

$$NO_2^* \rightarrow NO_2 + h\nu$$

该反应的发射光谱在600～3 200 nm范围，峰值波长为1 200 nm。反应产物的发光强度可表示为：

$$I = K\frac{[NO][O_3]}{[M]}$$

式中 I——发光强度；

$[NO]$、$[O_3]$——NO和O_3的浓度；

$[M]$——参与反应的第三种物质的浓度，此反应为空气；

K——与化学发光反应温度有关的常数。

$[O_3]$是过量的，$[M]$是恒定的，因此发光强度I与$[NO]$浓度成正比。若测定NO_x总浓度，需预先将其转换成NO。

化学发光法原理如图1—2所示，气样中的NO与O_3在反应室中发生化学反应，产

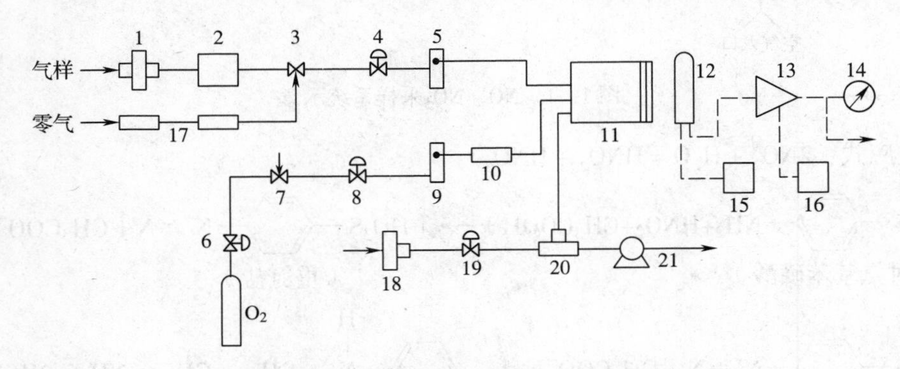

图1—2 化学发光法测定NO_x工作原理示意

1、18—尘埃过滤器 2—$NO_2 \rightarrow NO$转化器 3、7—电磁阀 4、6、19—针形阀 5、9—流量计 8—膜片阀 10—O_3发生器 11—反应室及滤光片 12—光电倍增管 13—放大器 14—指示表 15—高压电源 16—稳压电源 17—零气处理装置 20—三通管 21—抽气泵

生的光量子经反应室端面上的滤光片获得特征波长光射到光电倍增管上，将光信号转换成与浓度成正比的电信号，显示读数。此外，切换 NO_2转换器，可以分别测出 NO 的含量或 NO_x的总量。

（2）检测范围。该方法所能够测得 NO_x的浓度范围因氮氧化物监测仪性能而不同，国产有关仪器最低检测浓度为 20 μg/m³，测定上限浓度可达 8 mg/m³。

二、扩展知识

1. 环境空气质量监测点位布设

（1）监测点位的确定。监测点位布设应具有较好的代表性，应能客观反映一定空间范围内空气污染水平和变化规律；各监测定之间设置条件尽可能一致，使其取得的监测资料具有可比性；监测点位的布局尽可能均匀，同时还要能够反映主要功能区和主要空气污染源的污染现状和趋势。

对于监测点位具体位置的确定还应注意：

1）监测点的位置的确定应首先进行周密的调查研究。

2）在监测点 50 m 范围内不能有明显的污染源，不能靠近炉、窑和锅炉烟囱。

3）在监测点采样口周围 270°捕集空间，环境空气流动不受任何影响。如果采样管的一边靠近建筑物，至少在采样口周围要有 180°弧形范围自由空间。

4）点式监测仪器采样口周围不能有高大建筑物、树木或其他障碍物阻碍环境空气流通。从采样口到附近最高障碍物之间的距离，至少是该建筑物高出采样口的两倍以上。

（2）监测点数目的确定。监测点位数目的确定主要采用以人口数量、污染程度和面积等为基础的经验法。

2. 气体样品采集

采样方法正确或规范与否，直接影响测量结果的真实性与准确性。气态污染物采样常用方法如下：

（1）直接采样法。当空气中被测组分浓度较高，或所用的分析方法灵敏度较高时，可选用直接采样法。用该方法测得的结果是瞬时或短时间内的平均浓度。直接采样法常用下面几种容器。

1）注射器采样。用 100 mL 的注射器直接连接一个三通活塞。采样时先用现场待测气抽洗注射器 3 ~ 5 次。然后抽样，密封进样口，将注射器进气口朝下，垂直放置存放，当天进行分析。

2）塑料袋采样。常用塑料袋的材质有聚乙烯、聚氯乙烯和聚四氟乙烯等。有的用铝箔作衬里，防止渗透。使用前用水作密闭性检验。使用时，在现场先用待测气冲洗 3 ~ 5 次，再充进样品，加封袋口，备测。

3）固定容器采样。固定容器法也是采集少量气体样品的方法，常用的设备有两种。一种是用耐压的玻璃瓶或不锈钢瓶，采样前抽至真空，采样时打开瓶塞，被测空气自行充进瓶中（采样瓶如图 1—3 所示）；另一种是以置换法充进被测空气的采样管，采样管的两端有活塞。在现场用双联球打气，使通过采气管的被测气体量至少为管体积的 6 ~ 10 倍，充分置换掉原有的空气，然后封闭两端管口，采样体积即为采样管体积。采样管如图 1—4 所示。

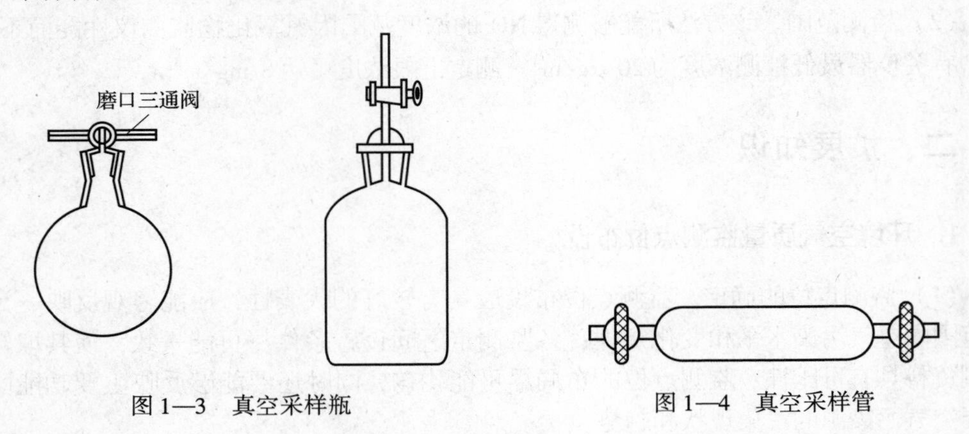

图 1—3　真空采样瓶　　图 1—4　真空采样管

（2）有动力采样法。有动力采样法是用一个抽气泵，将空气样品通过吸收管或吸收瓶中的吸收介质，使空气样品中的待测污染物浓缩在吸收介质中。吸收介质通常是液体和多孔状固体颗粒物，其目的不仅可以浓缩待测污染物，提高分析的灵敏度，还有利于去除干扰物质，提高分析的选择性。有动力采样法按照浓缩方式不同分为溶液吸收法、填充柱法和低温冷凝法。

1）溶液吸收法。溶液吸收法主要应用于采集气态和蒸气态的污染物，是最常用的气态污染物浓缩采样法。采样时，用抽气装置将欲测空气以一定流量抽入装有吸收液的吸收管（瓶）中。吸收管中盛有能吸收被测组分的液体或溶液。利用气泡作用使气体与溶液的溶解和化学反应进行得迅速、完全。采样结束后，倒出吸收液进行测定，根据测得结果及采样体积计算大气中污染物的浓度。

溶液吸收法常使用的吸收管或吸收瓶有如下几种。根据采集样品性质不同选用不同种类的吸收管或吸收瓶，气体吸收管（瓶）如图 1—5 所示。

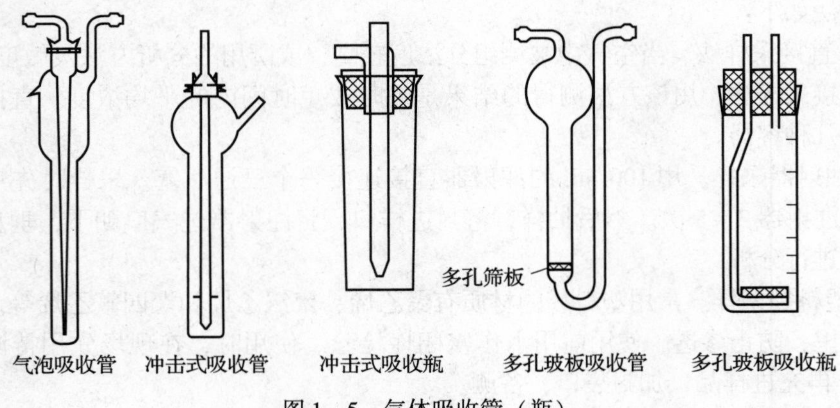

图 1—5　气体吸收管（瓶）

①气泡吸收管。主要用于吸收气态或蒸气态物质。对于气溶胶态物质，因不能像气态分子那样快速扩散到气液界面上，故吸收效率差。对于气泡吸收管采样，抽气速

度越慢，吸收效率越高。

②冲击式吸收管（瓶）。主要用于采集气溶胶态物质。因为该吸收管的进气喷嘴孔径小，距瓶底又很近，当被采气样快速从喷嘴喷出冲向管底时，气溶胶颗粒因惯性作用冲击到管底被分散，从而易被吸收液吸收。冲击式吸收管（瓶）不适合采集气态或蒸气态物质，因为气体分子的惯性小，在快速抽气情况下，容易随空气一起跑掉。

③多孔筛板吸收瓶（管）。适用于采集气态、蒸气态、气溶胶态物质。气样通过吸收管（瓶）的筛板后，被分散成很小的气泡，且阻留时间长，大大增加了气液接触面积，从而提高了吸收效果。

2）填充柱采样法。填充柱是用一根内径3～5 mm，长5～10 cm的玻璃管，内装颗粒状或纤维状的固体填充剂（如图1—6所示）。填充柱可以用吸附剂，或在颗粒状的或纤维状的担体上涂渍某种化学试剂。采样时，气体被抽过填充柱时，气体中被测组分因吸附、溶解或化学反应等作用而被阻留在填充柱上。采样后，通过解吸或溶剂洗脱，使被测组分从填充剂上释放出来进行测定。

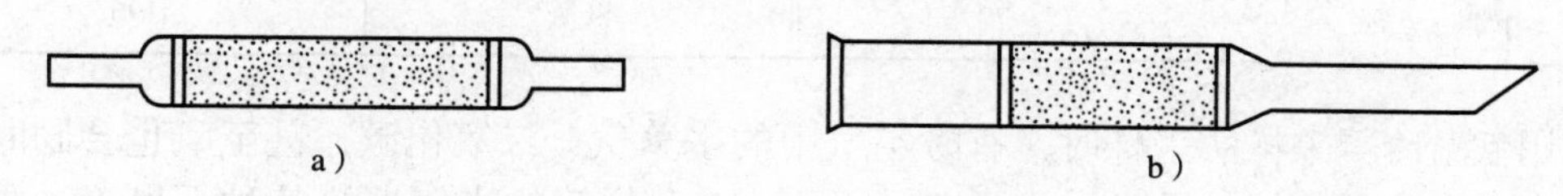

图1—6　填充柱采样管

a）细管　b）粗管

填充柱的浓缩作用与气相色谱柱类似，若把待测空气样品看成是一个混合样品，通过填充柱时，空气中含量最高的氧和氮气等首先流出，而被测组分阻留在柱中。在开始采样时，被测组分阻留在填充柱的进气口部位，继续采样，被测组分阻留区逐渐向前推进，直至柱管达到饱和状态，被测组分才开始从柱中流漏出来。若在柱后流出气体中发现被测组分浓度等于进气浓度的5%时，通过采样管的总体积称为填充柱的最大采样体积。它反映了该填充柱对某个化合物的采集效率（或浓缩效率），最大采样体积越大，浓缩效率越高。

填充柱法的特点：

①可以长时间采样，可用于空气中污染物日平均浓度的测定。

②选择合适的固体填充剂对于蒸气和气溶胶都有较好的采样效率。

③污染物浓缩在填充剂上的稳定性较好，有时可放几天，甚至几周不变。

④在现场使用填充柱采样方便，样品发生再污染和洒漏的机会少。

3）低温冷凝法。低温冷凝采样法是将U形或蛇形采样管插入冷阱中，如图1—7所示，采样时，气体流经采样管，被测组分因冷凝而凝结在

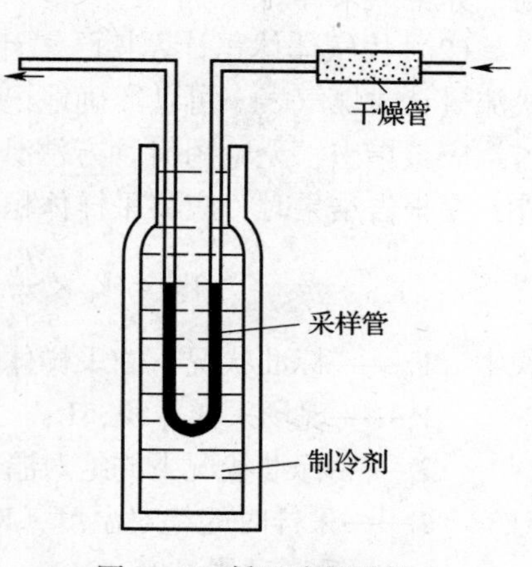

图1—7　低温冷凝采样

采样管底部。如用气相色谱法测定，可将采样管与仪器进气口连接，移去冷阱，在常温或加热情况下气化，进入仪器测定。

低温冷凝采样法适用于采集大气中沸点比较低的气态物质，如烯烃类、醛类等。这些气态物质在常温下用固体填充剂等方法富集效果不好，因而用低温冷凝采样法可提高采集效率。

制冷方法有制冷剂法和半导体制冷器（-40~0℃）法，常用的制冷剂见表1—1。

表1—1　常用制冷剂

制冷剂名称	制冷温度（℃）	制冷剂名称	制冷温度（℃）
冰	0	干冰-丙酮	-78.5
冰-食盐	-4	干冰	-78.5
干冰-二氯乙烯	-60	液氮-乙醇	-117
干冰-乙醇	-72	液氧	-183
干冰-乙醚	-77	液氮	-196

用低温冷凝采样法采样时，有时空气中的水蒸气、二氧化碳，甚至氧也会同时冷凝下来，会降低浓缩效果或干扰测定。因此，在采样管的进气端接某种干燥管（如内装过氯酸镁、碱石棉、氯化钙等），以除去空气中水分和二氧化碳等。

（3）被动式采样法。被动式采样器是基于气体分子扩散或渗透原理采集空气中气态或蒸气态污染物的一种采样方式，由于它不需任何电源或抽气动力，所以又称为无泵采样器。这种采样器体积小，非常轻便，可制成一支钢笔或徽章大小，用作个体接触剂量评价的监测，或放在欲测场所连续采样，间接用作环境空气评价监测。目前，常用于室内空气污染和个体接触量的评价监测。

3. 采集体积的计算

（1）用转子流量计和孔口流量计测定采样系统的空气流量时，用流量乘以采样时间计算空气采样体积。

（2）用气体体积计算其已累计方式，直接测量进入采样系统中的空气体积，如湿式流量计或煤气表，可以准确地记录在一定流量下累积的气体采样体积。

应该指出，无论用何种方法计量采样体积，都应对计量仪器或设备进行校准。此外，在报告结果时，应将采样体积换算成标准状况下采样体积。计算公式如下：

$$V_0 = V_t \times \frac{T_0}{T} \times \frac{P}{P_0} = V_t \times \frac{273}{273 + t} \times \frac{P}{101.325} \qquad (1—1)$$

式中　V_0——标准状况下的采样体积，L或m^3；

V_t——现场采样体积，L；

T_0——标准状况下的绝对温度，273 K；

T——采样时的绝对温度，K；

t——采样时的温度，℃；

P_0——标准状况下的大气压力，101.325 kPa；

P——采样时的大气压力，kPa。

三、实训过程：环境空气　氮氧化物的测定

依据标准：《环境空气　氮氧化物（一氧化氮和二氧化氮）的测定　盐酸萘乙二胺分光光度法》（HJ 479—2009）。

1. 测定原理（见图 1—8）

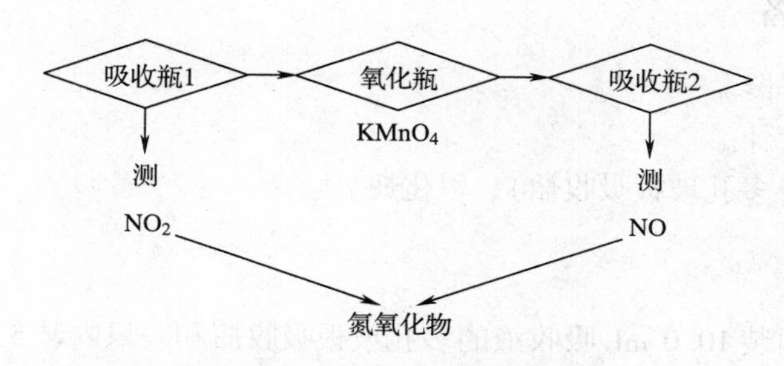

图 1—8　氮氧化物测定原理

2. 试剂和材料

除非另有说明，分析时均使用符合国家标准或专业标准的分析纯试剂和无亚硝酸根的蒸馏水、去离子水或相当纯度的水。

（1）冰乙酸。

（2）盐酸羟胺溶液，$\rho=0.2\sim0.5$ g/L。

（3）硫酸溶液，$c(1/2H_2SO_4)=1$ mol/L：取 15 mL 浓硫酸（$\rho_{20}=1.84$ g/mL），徐徐加入到 500 mL 水中，搅拌均匀，冷却备用。

（4）酸性高锰酸钾溶液，$\rho(KMnO_4)=25$ g/L：称取 25 g 高锰酸钾于 1 000 mL 烧杯中，加入 500 mL 水，稍微加热使其全部溶解，然后加入 1 mol/L 硫酸溶液（3）500 mL，搅拌均匀，储于棕色试剂瓶中。

（5）N－(1－萘基）乙二胺盐酸盐（盐酸萘乙二胺）储备液，$\rho[C_{10}H_7NH(CH_2)_2NH_2\cdot 2HCl]=1.00$ g/L：称取 0.50 gN－(1－萘基）乙二胺盐酸盐于 500 mL 容量瓶中，用水溶解稀释至刻度。此溶液储于密闭棕色瓶中，在冰箱中冷藏可稳定保存三个月。

（6）显色液（吸收液原液）：对氨基苯磺酸＋冰乙酸＋N－(1－萘基）乙二胺盐酸盐。称取 5.0 g 对氨基苯磺酸［$NH_2C_6H_4SO_3H$］溶解于约 200 mL 40～50℃热水中，将溶液冷却至室温，全部移入 1 000 mL 容量瓶中，加入 50 mL N－(1－萘基）乙二胺盐酸盐储备液（5）和 50 mL 冰乙酸，用水稀释至刻度。此溶液储于密闭棕色瓶中，在 25℃以下暗处存放可稳定三个月。若溶液呈现淡红色，应弃之重配。

（7）吸收液：使用时将显色液（6）和水按 4∶1（V/V）混合，即为吸收液。吸收

液的吸光度应小于等于0.005。

（8）亚硝酸盐标准储备液，$\rho(NO_2^-)=250\ \mu g/mL$：准确称取0.375 0 g亚硝酸钠（$NaNO_2$，优级纯，使用前在105℃ ±5℃干燥恒重）溶于水，移入1 000 mL容量瓶中，用水稀释至标线。此溶液储于密闭棕色瓶中于暗处存放，可稳定保存三个月。

（9）亚硝酸盐标准工作液，$\rho(NO_2^-)=2.5\ \mu g/mL$：准确吸取亚硝酸盐标准储备液（8）1.00 mL于100 mL容量瓶中，用水稀释至标线。临用现配。

所有试剂均用不含亚硝酸盐的重蒸蒸馏水配制。取纯化水1 000 mL，加稀硫酸1 mL与高锰酸钾试液1 mL，蒸馏，即得。

3. 仪器和设备

（1）大气采样器。

（2）分光光度计。

（3）吸收瓶（多孔玻板吸收瓶）、氧化瓶。

4. 采样

（1）取两只内装10.0 mL吸收液的多孔玻板吸收瓶和一只内装5~10 mL酸性高锰酸钾溶液的氧化瓶（液柱高度不低于80 mm），用尽量短的硅橡胶管将氧化瓶串联在两只吸收管之间，如图1—9所示，以0.4 L/min流量采气4~24 L。

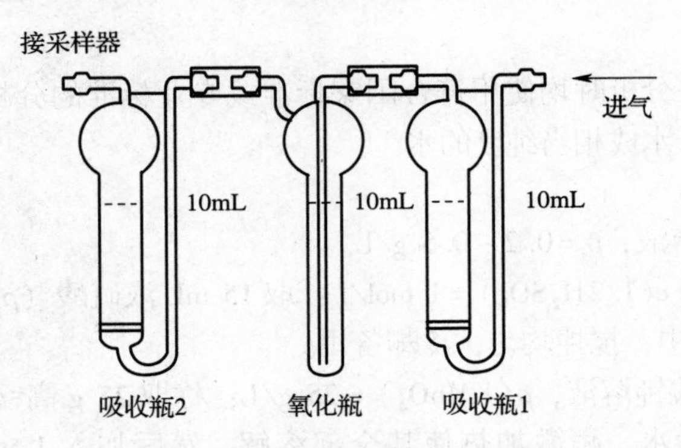

图1—9 吸收瓶和氧化瓶连接顺序

（2）现场空白：装有吸收液的吸收瓶带到采样现场，与样品在相同条件下保存，运输，直至送交实验室分析，运输过程中应注意防止沾污（要求每次采样至少做两个现场空白）。

（3）样品保存：样品采集、运输及存放过程中避光保存，样品采集后尽快分析。若不能及时测定，将样品于低温暗处存放，样品在30℃暗处存放，可稳定8 h；在20℃暗处存放，可稳定24 h；于0~4℃冷藏，至少可稳定3天。

5. 分析步骤

（1）标准曲线的绘制。取6只10 mL具塞比色管，按表1—2制备亚硝酸盐标准溶液系列，如图1—10所示。

表 1—2　　NO_2^- 标准溶液系列

管号	0	1	2	3	4	5
标准工作液体积（mL）	0.00	0.40	0.80	1.20	1.60	2.00
水（mL）	2.00	1.60	1.20	0.80	0.40	0.00
显色液体积（mL）	8.00	8.00	8.00	8.00	8.00	8.00
NO_2^- 浓度（μg/mL）	0.00	0.10	0.20	0.30	0.40	0.50

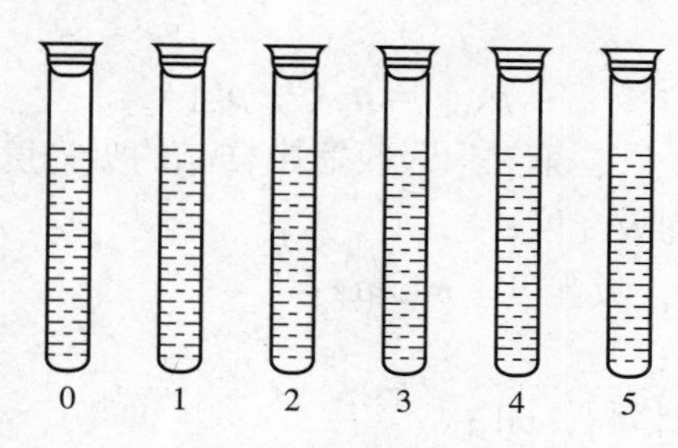

图 1—10　标准溶液系列比色管示意

根据表 1—2 分别移取相应体积的亚硝酸钠标准工作液（2.5 μg/mL），加水至 2.00 mL，加入显色液 8.00 mL。

各管混匀，于暗处放置 20 min（室温低于 20℃时放置 40 min 以上），用 10 mm 比色皿，在波长 540 nm 处，以水为参比测量吸光度，扣除 0 号管得吸光度后，对应 NO_2^- 浓度（μg/mL），用计算机 Excel 作图，如图 1—11 所示，求回归方程。标准曲线斜率控制在 0.180 ~ 0.195（吸光度 · mL/μg），截距控制在 ±0.003 之间。

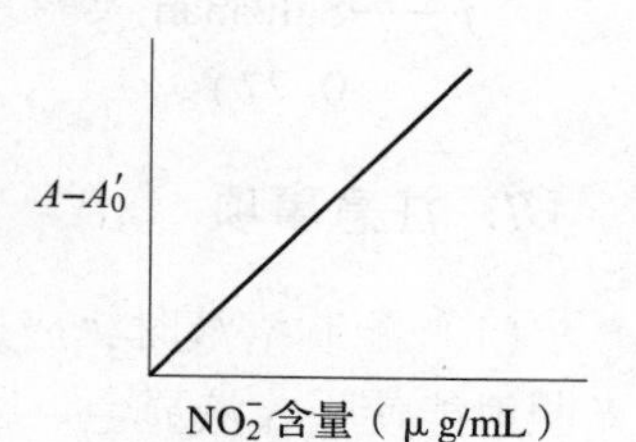

图 1—11　标准曲线示意

（2）样品测定。采样后放置 20 min，室温 20℃以上时放置 40 min 以上，用水将采样瓶中吸收液的体积补充至标线，混匀。用 10 mm 比色皿，在波长 540 nm 处，以水为参比测量吸光度，同时测定空白样品的吸光度。若样品的吸光度超过标准曲线的上限，应用实验室空白试液稀释，再测定其吸光度，但稀释倍数不得大于 6。

空白实验：

实验室空白：没有采样的吸收液，以水为参比，用 10 mm 比色皿在 540 nm 测吸光度，即为 A_0。

现场空白：和实验室空白相对照，若相差太大，查找原因，重新采样。

6. 数据处理

（1）空气中二氧化氮浓度 ρ_{NO_2}（mg/m^3）以二氧化氮（NO_2）计，按式（1—2）计算：

$$\rho_{NO_2} = \frac{(A_1 - A_0 - a)VD}{bfV_0} \qquad (1—2)$$

（2）空气中一氧化氮浓度ρ_{NO}（mg/m^3）以二氧化氮（NO_2）计，按式（1—3）计算：

$$\rho_{NO} = \frac{(A_2 - A_0 - a)VD}{bfV_0K} \tag{1—3}$$

ρ'_{NO}（mg/m^3）以一氧化氮（NO）计，按式（1—4）计算：

$$\rho'_{NO} = \frac{30\rho_{NO}}{46} \tag{1—4}$$

（3）空气中氮氧化物的浓度ρ_{NO_x}（mg/m^3）以二氧化氮（NO_2）计，按式（1—5）计算：

$$\rho_{NO_x} = \rho_{NO_2} + \rho_{NO} \tag{1—5}$$

式中 A_1、A_2——串联第一只、第二只吸收瓶中样品的吸光度；

A_0——实验室空白的吸光度；

b——标准曲线斜率，吸光度 · mL/μg；

a——标准曲线截距；

V——采样用吸收液体积，mL；

V_0——换算成标准状态（101.325 kPa，273 K）下的采样体积，L；

K——NO 转换成 NO_2 氧化系数，0.68；

D——样品的稀释系数；

f——Saltzman 实验系数，0.88（当空气中 NO_2 浓度高于 0.72 mg/m^3 时，f 取值 0.77）。

7. 注意事项

（1）配制溶液时，应避免在空气中长时间暴露，以免吸收空气中的氮氧化物，日光照射能使吸收液显色。因此，在采样、运送及存放过程中，都应采取避光措施。

（2）在采样过程中，如吸收液体积显著缩小，要用水补充到原来的体积（应预先做好标记）。

（3）空气中二氧化硫浓度为氮氧化物浓度 30 倍时，对测定产生负干扰；空气中过氧乙酰硝酸酯（PAN）对测定产生正干扰；空气中臭氧浓度超过 0.25 mg/m^3 时，对测定产生负干扰。采样时在采样瓶入口端串接一段 15 ~ 20 cm 长的硅橡胶管，可排除干扰。

8. 思考与分析

（1）此次测定的采样时间如何确定为合适？

（2）测定时采样器应放置在什么地方？为什么？

（3）比对《环境空气质量标准》（GB 3095—2012），判断此次测定结果是否超标？

实训项目二　环境空气二氧化硫的测定

一、二氧化硫测定概述

目前我国大部分城市地区，对二氧化硫的测定采用连续自动监测法，人工监测只是作为自动监测的一种补充监测手段。在较不发达地区，仍使用人工采样监测。现在人工监测二氧化硫最常用的方法是甲醛缓冲溶液吸收－盐酸副玫瑰苯胺分光光度法，逐渐取代了四氯汞钾溶液吸收－盐酸副玫瑰苯胺分光光度法，因为后者使用毒性较大的含汞吸收液，对环境不利。

1. 甲醛缓冲溶液吸收－盐酸副玫瑰苯胺分光光度法

（1）二氧化硫被甲醛缓冲溶液吸收后，生成稳定的羟甲基磺酸加成化合物。在样品溶液中加入氢氧化钠使加成化合物分解，释放出的二氧化硫与副玫瑰苯胺、甲醛作用，生成紫红色化合物，颜色的深浅与 SO_2 的含量有关。据此，用分光光度法在 577 nm 波长处测量其吸光度。

反应式：

$$SO_2 + H_2O + HCHO \rightarrow HO-CH_2-OSO_2H$$

$$HCl \cdot H_2N-C_6H_4-C(Cl)(C_6H_4-NH_2 \cdot HCl)-C_6H_4-NH_2 \cdot HCl + HO-CH_2-OSO_2H \rightarrow$$

（盐酸副玫瑰苯胺，俗称副品红）

（羟甲基磺酸）

$$\left[H_2N-C_6H_4-C(=C_6H_4=N^+(H)-CH_2-OSO_2H)-C_6H_4-NH_2\right]Cl^- + H_2O + 3HCl$$

（紫红色）

（2）检测范围。当使用10 mL吸收液，采样体积为30 L时，测定空气中二氧化硫的检出限为0.007 mg/m³，测定下限为0.028 mg/m³，测定上限为0.667 mg/m³；当使用50 mL吸收液，采样体积为288 L，试份为10 mL时，测定空气中二氧化硫的检出限为0.004 mg/m³，测定下限为0.014 mg/m³，测定上限为0.347 mg/m³。

（3）测定要点

1）根据环境空气中二氧化硫浓度的高低，选取不同容积的吸收管或吸收瓶，并确定采样时间。

2）以亚硫酸钠标准溶液作为测定二氧化硫的标准溶液，用测定二氧化硫同样的方法，并折算成二氧化硫含量，绘制标准曲线。

3）样品测定时，短时间采样，10 mL吸收液全部用于分析测定。连续24 h采样，50 mL吸收液，视浓度高低而决定取2～10 mL吸收液，进行测定。

（4）干扰消除

1）用稀EDTA－2Na溶液配制亚硫酸钠溶液，浓度较为稳定。因亚硫酸根离子被水中溶解氧氧化为硫酸根离子，该氧化反应受水及试剂中痕量Fe^{3+}的催化。EDTA－2Na掩蔽Fe^{3+}，使亚硫酸根的氧化速度减慢。

2）氨磺酸钠可消除氮氧化物的干扰。

3）采样后放置一段时间，可使臭氧自行分解，消除臭氧干扰。

4）加入磷酸及环己二胺四乙酸二钠盐（CDTA－2Na）可以消除或减少某些金属离子的干扰。

（5）有关溶液的配制与标定

1）亚硫酸钠标准溶液的配制方法：先配制出粗略浓度的亚硫酸钠溶液，然后加入过量的碘溶液，用硫代硫酸钠标准溶液滴定过量的碘，通过硫代硫酸钠标准溶液的浓度和消耗的体积，计算亚硫酸钠标准溶液的浓度。

反应式：

$$SO_3^{2-} + I_2 + H_2O = SO_4^{2-} + 2I^- + 2H^+$$

$$2S_2O_3^{2-} + I_2(\text{过量}) = S_4O_6^{2-} + 2I^-$$

$$(1SO_3^{2-} \sim 2S_2O_3^{2-})$$

$$c(SO_2, \mu g/mL) = \frac{(V_0 - V)c_{Na_2S_2O_3} \times 32.02 \times 1\,000}{20.00}$$

式中 V_0、V——滴定空白溶液、亚硫酸钠溶液所消耗的硫代硫酸钠标准溶液体积，mL；

$c_{Na_2S_2O_3}$——硫代硫酸钠标准溶液浓度，mol/L；

32.02——将亚硫酸钠的摩尔浓度转换为二氧化硫（$1/2SO_2$）质量浓度的换算系数，g/mol；

1 000——体积由mL换算为L，质量由g换算为μg的换算系数。

2）在标定亚硫酸钠前，硫代硫酸钠溶液也需用基准物质碘酸钾进行标定。硫代硫酸钠与碘酸钾和过量碘化钾反应析出的碘起反应，通过碘酸钾的量，求得硫代硫酸钠溶液的浓度。

反应式：

$$IO_3^- + 5I^- + 6H^+ = 3I_2 + 3H_2O$$

$$2S_2O_3^{2-}+I_2=S_4O_6^{2-}+2I^-$$
$$(1IO_3^- \sim 6S_2O_3^{2-})$$
$$c(Na_2S_2O_3, mg/L)=\frac{0.1000\times10.00}{V}$$

式中　$c_{Na_2S_2O_3}$——硫代硫酸钠储备溶液的浓度，mol/L；
V——滴定消耗硫代硫酸钠溶液体积，mL；
0.100 0——碘酸钾标准溶液浓度（$1/6KIO_3$）；
10.00——碘酸钾标准溶液体积，mL。

（6）空气中SO_2浓度计算。当测完标准系列溶液的吸光值后，可以用最小二乘法计算标准曲线的回归方程式：

$$y=bx+a$$
$$a=\frac{n\sum xy-\sum x\sum y}{n\sum x^2-(\sum x)^2}$$
$$b=\frac{\sum x^2\sum y-\sum x\sum xy}{n\sum x^2-(\sum x)^2}$$

式中　n——标准系列溶液测得的数据数；
x、y——数据中的横纵坐标值。

目前绘制标准曲线最常使用的方法是用 Excel 软件作图求得 a 和 b。

$$\rho=\frac{(A-A_0-a)}{V_n b}\times\frac{V_t}{V_a}$$

式中　ρ——空气中二氧化硫的质量浓度，mg/m^3；
A——样品溶液的吸光度；
A_0——试剂空白溶液的吸光度；
V_t——样品溶液总体积，mL；
V_a——测定时所取样品溶液体积，mL；
V_n——标准状态下的采样体积，L；
a——校准曲线的截距（一般要求小于 0.005）；
b——校准曲线的斜率，吸光度 · 10 mL/μg。

2. 紫外荧光法

（1）方法原理。用波长 190～230 nm 紫外光照射大气样品，则SO_2吸收紫外光被激发至激发态，即：

$$SO_2+h\nu_1 \rightarrow SO_2^*$$

激发态SO_2^*不稳定，瞬间返回基态，发射出波峰为 330 nm 的荧光，即：

$$SO_2^* \rightarrow SO_2+h\nu_2$$

发射荧光强度和SO_2浓度成正比，用光电倍增管及电子测量系统测量荧光强度，即可得知大气中SO_2的浓度。

（2）适用范围。紫外荧光法测定大气中的SO_2，具有选择性好、不消耗化学试剂、适用于连续自动监测等特点。目前广泛用于大气环境地面自动监测系统中。

3. 定电位电解法

（1）方法原理。定电位电解传感器主要由电解槽、电解液和电极组成，传感器的三个电极分别称为敏感电极（sensing electrode）、参比电极（reference electrode）和对电极（counter electrode），简称 S、R、C。

传感器的工作过程：被测气体由进气孔通过渗透膜扩散到敏感电极表面，在敏感电极、电解液、对电极之间进行氧化反应，参比电极用来为电解液中的工作电极提供恒定的电化学电位。被测气体通过渗透膜进入电解槽，传感器电解液中扩散吸收的二氧化硫发生以下氧化反应：

$$SO_2 + 2H_2O \rightarrow SO_4^{2-} + 4H^+ + 2e^-$$

与此同时，产生对应的极限扩散电流 i，在一定范围内其大小与二氧化硫浓度成正比，即

$$i = \frac{ZFSD}{\delta} \times c$$

式中 Z——电子转移数；

F——法拉第常数；

S——气体扩散面积；

D——扩散常数；

δ——扩散层厚度；

c——二氧化硫浓度。

在一定工作条件下，Z、F、S、D、δ 均为常数。因此，电化学反应中流向工作电极的极限扩散电流 i 与被测 SO_2 浓度 c 成正比。

（2）检测范围。本方法测定范围为 1 ppb ~ 2 ppm（0.003 ~ 6 mg/m^3）。被测气体中的灰尘和水分容易在渗透膜表面凝结，影响其透气性。在使用本方法时应对被测气体中的灰尘和水分进行预处理。

二、扩展知识

1. 空气污染

空气中的污染物按照其存在形式，可以分为气体状态污染物和颗粒物污染物。按照其形成过程，又可分为一次性污染物和二次性污染物。

（1）气体状态污染物。空气中气体状态污染物按其化学成分分为无机污染物和有机污染物。无机污染物主要有 SO_2、SO_3、NO、NO_2、CO_2、CO、H_2S、HCl、Cl_2、HCN、NH_3等。主要的人为污染源来自于燃煤和燃油的电力、机动车、锅炉、冶金、化工、石油等行业。此外，还有如火山爆发、森林火灾、动植物残体分解等一些天然原因。

进入空气中的有机污染物的种类比无机污染物多很多。按照化合物的种类可以分为烷烃类、烯烃类、苯系物、卤代烃类、醛类、酮类、醇、酸、酯类、有机胺类、有

机硫化合物等。

（2）颗粒污染物。颗粒物污染是空气中最重要的污染物之一，在我国大多数地区，空气中首要污染物就是颗粒物。颗粒物来源有人为源和自然源。人为源主要是燃煤、燃油、工业生产过程等人为活动排放出来的，自然源主要由土壤、扬尘、沙尘经风力的作用输送到空气中而形成。

根据颗粒物粒径大小，通常将颗粒物赋予不同的定义。

1）降尘（Dust Fall）：靠自身的重量即可较快沉降带地面上的颗粒物称为降尘。它的粒径范围为 100～1 000 μm，实际上，小于 100 μm 的颗粒物时间长一点也可以沉降下来，其界限并不很严格，但一般直径大于 10 μm。

2）TSP（Total Suspended Particulate）：TSP 称为总悬浮颗粒物，指空气动力学直径小于 100 μm 的颗粒物。

由于颗粒物来源不同，其密度 ρ（或比重）不同，即使真实直径 D_ρ 相同，它们在空气中动力学特征也是不同的，也就是在空气中沉降的速度不同。因此引入了空气动力学直径 D_a 的概念，动力学直径与真实直径的关系为

$$D_a = D_\rho \sqrt{\rho}$$

3）PM_{10}（Inhalable Particulate Matter）：PM_{10} 称为可吸入颗粒物，指悬浮在空气中，$D_a \leqslant 10$ μm 的颗粒物。它可以通过呼吸进入到人体的上、下呼吸道。由于这些颗粒物可长期飘浮在空气中，有时也称为飘尘（IP）。可吸入颗粒物具有胶体的性质，故又称为气溶胶。

4）$PM_{2.5}$：指悬浮在空气中，$D_a \leqslant 2.5$ μm 的颗粒物。

（3）一次污染物和二次污染物

1）一次污染物：由污染源直接排放到空气中，且未发生化学变化的污染物质称为一次污染物，如燃煤、燃油排放出的 SO_2、NO、CO_2、CO 等均为一次污染物，由化工生产过程排放出的 SO_3、NO_2 也是一次污染物。

2）二次污染物：由污染源排放出的一次污染物进入空气中，在物理、化学作用下，发生一系列化学反应，形成了另一种污染物质，叫作二次污染物。例如，SO_2 进入空气中，被氧化生成 SO_3，SO_3 与 H_2O 反应生成 H_2SO_4，H_2SO_4 再与空气中 NH_3 反应生成 $(NH_4)_2SO_4$，在这里，生成的 SO_3、H_2SO_4、$(NH_4)_2SO_4$ 均是二次污染物。

2. 空气污染物监测

空气污染监测的内容很多。无论哪一种监测，都是为减少污染和控制污染服务的。空气污染监测一般包括空气质量监测、降水监测、污染源监测、室内空气监测等。

（1）空气质量监测。以前由于缺乏必要的装备和条件，空气质量监测每个季度只开展 5 日采样监测，项目主要为 SO_2、NO_x 和 TSP。每日分早、中、晚各采样 30 min 或 1 h。后来发现这种方法不能全面反映空气质量变化规律，已被淘汰。现在一些欠发达地区仍有使用。

现在用得较多的是 24 h 连续采样－实验室分析法。即根据项目不同，在均匀间隔的日期进行采样。TSP、PM_{10}、Pb 至少一年有分布均匀的 60 个日均值，每月有分布均匀的 5 个日均值。SO_2、NO_x、NO_2 至少一年有分布均匀的 144 个日均值，每月有分布均

匀的 12 个日均值。颗粒物用滤膜采样称重法测定，SO_2、NO_x、NO_2用吸收液采样，分光光度法测定。

目前，全国绝大多数大、中城市基本上采用空气质量自动监测系统进行测定。自动监测系统可同时测定 PM_{10}、SO_2、NO_2、NO、O_3、CO、湿度、温度、风向、风速等。有的还配有挥发性有机物自动监测仪、降水自动采样器或监测仪。

（2）降水监测。降水监测的目的是准确、及时地了解全国或某一区域的酸雨污染现状和发展趋势，确定酸雨污染的范围和酸雨污染程度；掌握酸雨污染主要组分和特征，为控制酸雨提供科学依据。

降水监测项目有降水量、pH 值、电导率、SO_4^{2-}、NO_3^-、Cl^-、F^-、K^+、Na^+、Ca^{2+}、Mg^{2+}、NH_4^+等，有条件的情况下还应测有机酸（甲酸、乙酸）。

对于 pH 值和降水量两个项目，要做到逢雨必测；在当月有降水的情况下，至少应进行一次全部项目测定。监测方法同水和废水监测方法。

（3）污染源监测。根据污染源特点不同，污染源可分为固定源、无组织排放源、流动源、恶臭等。

1）固定源。燃煤、燃油的锅炉、窑炉以及石油化工、冶金、建材等生产过程中产生的废气通过排气筒向空气中排放的污染源称为固定污染源。

常规监测项目：烟尘、粉尘、SO_2、NO_x、CO 以及过剩空气系数、压力、流速、烟气含湿量、温度等参数。

特殊监测项目：根据固定污染源排放特殊污染物进行监测，如化工行业排放的挥发性有机物（VOCs）、苯、丙酮等，又如化工生产排放的 H_2SO_4、HCl、Cl_2等。

监测方法与频次：根据需要，一年不定期抽测几次。对于一些大型固定源可以安装在线连续监测系统，用在线连续监测数据计算出各种污染物的实时浓度和某一时段的排放量。监测方法在后面章节详述。

2）无组织排放源。生产装置在生产过程中产生的废气和污染物直接向外排放，即不通过排气筒无规则排放的污染源，称为无组织排放源。对这些排放源应在源外的上风向设对照点，在下风向，按扇形面布设采样点，进行监测，以监测到的最高浓度作为评价依据，用采用相应的方法进行测定。

3）流动源。机动车辆、轮船和飞机等属于流动污染源。目前机动车尾气检测开展得较多。机动车包括汽油车、柴油车、摩托车。对于汽油车，一般监测项目和方法：怠速法 CO 用非色散红外仪、HC 用氢火焰离子化气相色谱仪、NO_x用化学发光法或紫外吸收法测定。对于柴油车，烟度用滤纸烟度法测定。

4）恶臭。恶臭气体的主要化学性成分有无机氨、硫化氢和一些有机含硫及含氮化合物，是由一些工业企业、城市垃圾、畜禽养殖场粪便、下水道的厌氧分解产生的。恶臭既有无组织排放，也有固定源排放。恶臭气体监测一般采用两大类方法。一类是三点比较式臭袋法。该方法是通过人的鼻子嗅臭。按照臭气浓度分为五级：0 级为无臭级；一级为勉强感觉气味；二级为感觉到较弱的气味；三级为感觉到明显气味；四级为较强烈气味；五级为强烈气味。另一类是化学分析法。苯乙烯、三甲胺用气相色谱法（GC，氢火焰离子化检测器 FID），硫化物用气相色谱法（火焰光度检测器 FPD），NH_3和 H_2S、CS_2也可用采样吸收显色，用分光光度法完成测定。

（4）室内空气污染监测。目前存在两类室内污染问题，一类是人们居室的污染，另一类是工作场所、生产车间内产生的有害物质污染。居室内的污染主要有颗粒物、SO_2、NO_2、CO、CO_2、挥发性有机物如苯系物、甲醛及醛酮类，可用环境空气监测方法进行采样分析。对于生产车间可根据车间内可能存在的污染物进行监测。

三、实训过程：环境空气　二氧化硫的测定

依据标准：《环境空气　二氧化硫的测定　甲醛吸收－副玫瑰苯胺分光光度法》（HJ 482—2009）。

1. 测定原理

二氧化硫被甲醛缓冲溶液吸收后，生成稳定的羟甲基磺酸加成化合物。在样品溶液中加入氢氧化钠使加成化合物分解，释放出的二氧化硫与副玫瑰苯胺作用，生成紫红色化合物，颜色的深浅与SO_2的含量有关。据此，用分光光度法在577 nm波长处测量其吸光度。

2. 试剂和材料

除非另有说明，分析时均使用符合国家标准的分析纯试剂，实验用水为新制备的蒸馏水或同等纯度的水。

（1）氢氧化钠溶液，$c(NaOH)=1.5$ mol/L：取氢氧化钠6 g溶于水中，稀释至100 mL。

（2）环已二胺四乙酸二钠溶液，$c(CDTA-2Na)=0.050$ mol/L：称取1.82 g反式1，2－环已二胺四乙酸（CDTA），加入6.5 mL氢氧化钠溶液（1.5 mol/L），溶解后用水稀释至100 mL。

（3）甲醛缓冲吸收液储备液：吸取36%～38%的甲醛溶液5.5 mL，上述CDTA－2Na溶液20.00 mL，称取2.04 g邻苯二酸氢钾，溶于少量水中，将3种溶液合并用水稀释至100 mL，储于冰箱。

（4）甲醛缓冲吸收液：用水将甲醛缓冲吸收液储备液稀释100倍。此溶液每毫升含0.2 mg甲醛。用时现配。

（5）氨磺酸钠溶液，$\rho(NaH_2NSO_3)=6.0$g/L：称取0.60g氨磺酸（H_2NSO_3H）于烧杯中，加入氢氧化钠（1）溶液4.0 mL，完全溶解后移入100 mL容量瓶中，用水稀释至标线，摇匀。此溶液密封保存可用10天。

（6）碘储备液，$c(1/2I_2)=0.10$ mol/L：称取12.7 g碘（I_2）于烧杯中，加入40 g碘化钾和25 mL水，搅拌至完全溶解，用水稀释至1 000 mL，储存于棕色细口瓶中。

（7）碘使用溶液，$c(1/2I_2)=0.010$ mol/L：量取碘储备液50 mL，用水稀释500 mL，储于棕色细口瓶中。

（8）淀粉溶液，$\rho=5.0$ g/L：称取0.5 g可溶性淀粉，用少量水调成糊状，慢慢倒

入100 mL沸水中，继续煮沸至溶液澄清，冷却后储于试剂瓶中。

（9）碘酸钾标准溶液，$c(1/6KIO_3)=0.1000$ mol/L：准确称取3.5667 g碘酸钾（优级纯，预先在110℃烘干2 h）溶于水，移入1000 mL容量瓶中，用水稀至标线，摇匀。

（10）盐酸溶液，$c(HCl)=1.2$ mol/L。HCl溶液（1+9）：量取100 mL浓盐酸，用水稀释1000 mL。

（11）硫代硫酸钠储备液，$c(Na_2S_2O_3)=0.10$ mol/L：称取25.0 g硫代硫酸钠（$Na_2S_2O_3.5H_2O$）溶于1000 mL新煮沸但已冷却的水中，加入0.20 g无水碳酸钠（Na_2CO_3），储于棕色细口瓶中，放置一周后备用。如溶液呈现浑浊，必须过滤。

硫代硫酸钠储备液标定方法：

吸取3份0.1000 mol/L的碘酸钾标准溶液20.00 mL，分别置于250 mL碘量瓶中，加70 mL新煮沸但已冷却的水，加1 g碘化钾，振摇至完全溶解后，加10 mL盐酸溶液（1+9），立即盖好瓶塞，摇匀，于暗处放置5 min后，用硫代硫酸钠标准储备液滴定溶液至浅黄色，加2 mL淀粉溶液，继续滴定溶液至蓝色刚好褪去为终点。硫代硫酸钠标准溶液的浓度按下式计算：

$$c_1=\frac{0.1000\times 20.00}{V}$$

式中 c_1——硫代硫酸钠标准溶液的摩尔浓度，mol/L；

V——滴定所耗硫代硫酸钠标准溶液的体积，mL。

（12）硫代硫酸钠标准溶液，$c(Na_2S_2O_3)=(0.01000\pm 0.00001)$ mol/L：取50.0 mL硫代硫酸钠储备液置于500 mL容量瓶中，用新煮沸但已冷却的水稀释至标线，摇匀，储于棕色细口瓶中。

（13）乙二胺四乙酸二钠盐（EDTA－2Na）溶液，$\rho=0.50$ g/L：称取0.25 g乙二胺四乙酸二钠盐$C_{10}H_{14}N_2O_8Na_2\cdot 2H_2O$溶于500 mL新煮沸但已冷却的水中。临用时现配。

（14）亚硫酸钠溶液，$\rho(Na_2SO_3)=1$ g/L：称取0.2 g亚硫酸钠（Na_2SO_3），溶于200 mL EDTA－2Na溶液中，缓缓摇匀以防充氧，使其溶解，放置2～3 h后标定，此溶液每毫升相当于320～400 μg二氧化硫。

亚硫酸钠溶液标定方法：

1）取6个250 mL碘量瓶（A_1、A_2、A_3、B_1、B_2、B_3），分别加入50.0 mL碘溶液，在A_1、A_2、A_3内各加入25 mL水，在B_1、B_2、B_3内加入25.00 mL亚硫酸钠溶液，盖好瓶盖。

2）立即吸取2.00 mL亚硫酸钠溶液，加到一个已装有40～50 mL甲醛吸收液的100 mL容量瓶中，并用甲醛吸收液稀释至标线、摇匀。此溶液即为二氧化硫标准储备溶液，在4～5℃下冷藏，可稳定6个月。

3）A_1、A_2、A_3、B_1、B_2、B_3六个瓶子于暗处放置5 min后，用硫代硫酸钠溶液滴定至浅黄色，加5 mL淀粉指示剂，继续滴定至蓝色刚刚消失。平行滴定所用硫代硫酸钠溶液的体积之差应不大于0.05 mL。

标定过程如图2—1所示。

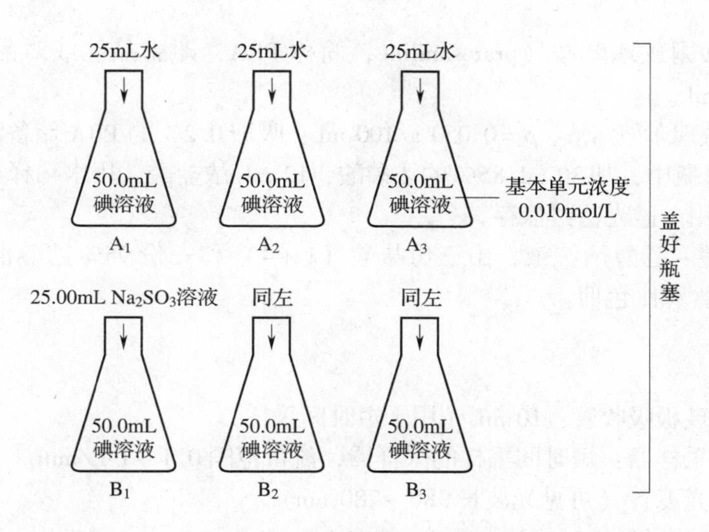

图 2—1　亚硫酸钠标定过程示意

二氧化硫标准储备溶液的质量浓度由公式计算：

$$\rho = \frac{(V_0 - V)\ c_2 \times 32.02 \times 10^3}{25.00} \times \frac{2.00}{100}$$

式中　ρ——二氧化硫标准储备溶液的质量浓度，μg/mL；

V_0——空白滴定所用硫代硫酸钠标准溶液的体积，mL；

V——样品滴定所用硫代硫酸钠标准溶液的体积，mL；

c_2——硫代硫酸钠标准溶液的浓度，mol/L；

32.02——将亚硫酸钠的摩尔浓度转换为二氧化硫（$1/2SO_2$）质量浓度的换算系数，g/mol。

（15）二氧化硫标准使用溶液，$\rho(Na_2SO_3) = 1.00$ μg/mL：用甲醛吸收液将二氧化硫标准储备溶液稀释成每毫升含 1.0 μg 二氧化硫的标准溶液，此溶液用于绘制标准曲线，在 4 ~5℃下冷藏，可稳定 1 个月。

二氧化硫标准使用溶液的配制过程如图 2—2 所示。

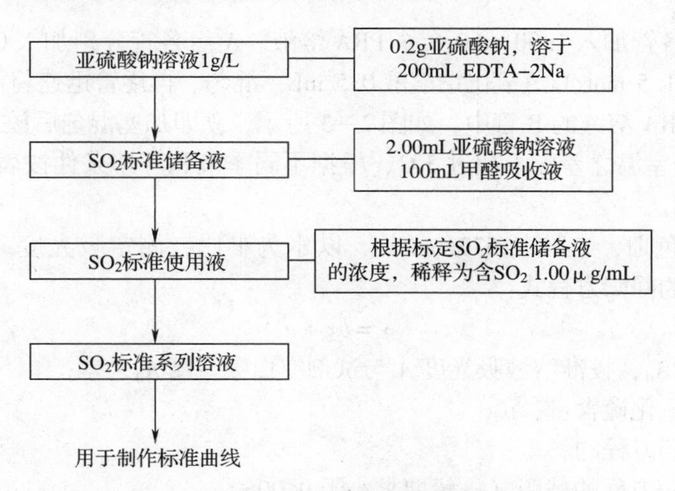

图 2—2　二氧化硫标准使用溶液配制过程示意

(16) 盐酸副玫瑰苯胺（prarosaniline，简称 PRA，即副品红或对品红）储备液，ρ = 0.2 g/100 mL。

(17) 副玫瑰苯胺溶液，ρ = 0.050 g/100 mL：吸取 0.2% 的 PRA 储备液 25.00 mL 移入 100 mL 容量瓶中，加 30 mL 85% 的浓磷酸，12 mL 浓盐酸，用水稀释至标线，摇匀，放置过夜后使用。避光密封保存。

(18) 盐酸 - 乙醇清洗液，由三份盐酸（1 + 4）和一份 95% 乙醇混合配制而成，用于清洗比色管和比色皿。

3. 仪器

(1) 多孔玻板吸收管：10 mL（用于短时间采样）。

(2) 空气采样器：短时间采样的采样器，流量范围 0.1 ~ 1 L/min。

(3) 分光光度计（可见光波长 380 ~ 780 nm）。

(4) 具塞比色管：10 mL。

(5) 恒温水浴器：广口冷藏瓶内放置圆形比色管架，插一只长约 150 mm、0 ~ 40℃ 温度计，其误差范围不大于 0.5℃。

4. 分析步骤

(1) 校准曲线的绘制。取 14 只 10 mL 具塞比色管，分 A、B 两组，每组 7 只，分别对应编号。

1) A 组按表 2—1 配制标准溶液系列。

表 2—1　　二氧化硫标准系列

管号（A 组）	0	1	2	3	4	5	6
二氧化硫标准溶液（mL）	0	0.50	1.00	2.00	5.00	8.00	10.00
甲醛吸收液（mL）	10.00	9.50	9.00	8.00	5.00	2.00	0
其二氧化硫含量（μg/10 mL）	0	0.50	1.00	2.00	5.00	8.00	10.00

2) B 组：各管加入 1.00 mL0.05% PRA 溶液。A 组各管分别加入 0.60% 氨磺酸钠溶液 0.5 mL 和 1.5 mol/L 氢氧化钠溶液 0.5 mL，混匀。再逐管迅速将溶液全部倒入对应编号并盛有 PRA 溶液的 B 管中，如图 2—3 所示，立即加塞混匀后放入恒温水浴中显色，显色温度与室温之差应不超过 3℃，根据不同季节和环境条件按表 2—2 选择显色温度与显色时间。

用 1 cm 比色皿，在波长 577 nm 处，以水为参比，测定吸光度。可以用计算机 Excel 标准曲线的回归方程式：

$$y = bx + a$$

式中　y——$A - A_0$，校准溶液吸光度 A 与试剂空白吸光度 A_0 之差；

x——二氧化硫含量，μg；

b——回归方程的斜率；

a——回归方程的截距（一般要求小于 0.005）。

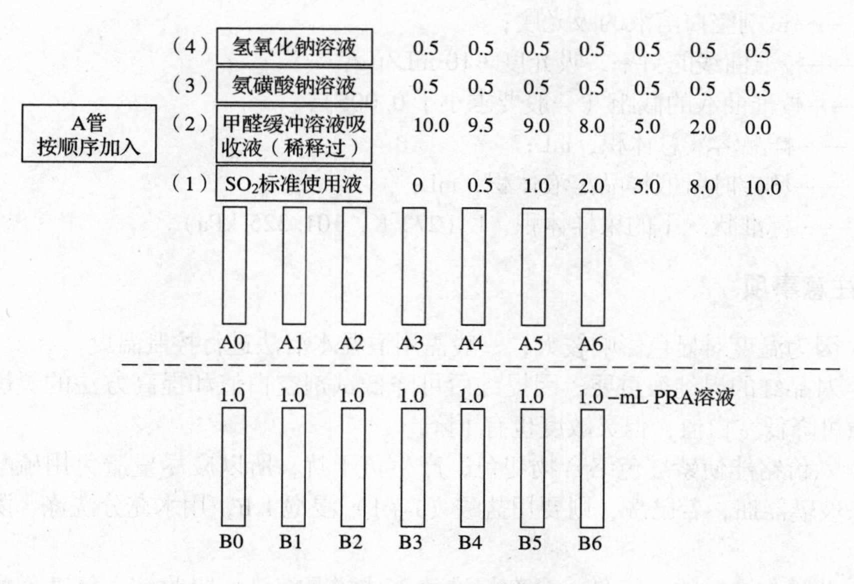

图 2—3　A 管和 B 管示意

表 2—2　**B 组显色温度与显色时间**

显色温度（℃）	10	15	20	25	30
显色时间（min）	40	25	20	15	5
稳定时间（min）	35	25	20	15	10

要求校准曲线斜率为 0.044 ± 0.002，试剂空白吸光度 *A* 在显色规定条件下波动范围不超过 ± 15%。

（2）采样，采取短时间采样。采用内装 10.00 mL 吸收液的多孔玻板吸收管，以 0.5 L/min 流量避光采样 45 ~ 60 min。采样、运输和储存应避光。采样时吸收液温度的最佳范围在 23 ~ 29℃。

（3）样品测定。样品溶液中如有浑浊物，则应离心分离除去。采样后样品放置 20 min，以使臭氧分解。

将吸收管中样品溶液全部移入 10 mL 比色管中，用甲醛吸收液稀释至标线，加 0.5 mL 氨磺酸钠溶液，混匀，放置 10 min 以除去氮氧化物的干扰，以下步骤同标准曲线的绘制。

如样品吸光度超过校准曲线上限，则可用试剂空白溶液稀释，在数分钟内再测量其吸光度，但稀释倍数不要大于 6。

5. 数据处理

$$\rho = \frac{A - A_0 - a}{bV_s} \times \frac{V_t}{V_a}$$

式中　ρ——空气中二氧化硫的质量浓度，mg/m³；

A——样品溶液的吸光度；

A_0——试剂空白溶液的吸光度；
b——校准曲线的斜率，吸光度·10 mL/μg；
a——校准曲线的截距（一般要求小于0.005）；
V_t——样品溶液总体积，mL；
V_a——测定时所取样品溶液体积，mL；
V_s——标准状况下的采样体积，L（273 K，101.325 kPa）。

6. 注意事项

（1）因为温度对显色影响较大，一般需用恒温水浴法进行控制温度。

（2）对品红的提纯很重要，因提纯后可降低试剂空白值和提高方法的灵敏度。提高酸度虽可降低空白值，但灵敏度也有下降。

（3）六价铬能使紫红色络合物褪色，产生负干扰，所以应尽量避免用硫酸或铬酸洗液洗涤玻璃器皿，若已洗，则要用盐酸（1+1）浸泡1 h，用水充分洗涤，除去六价铬。

（4）此操作关键的一步是将含有标准溶液或样品溶液、吸收液、氨基磺酸钠及氢氧化钠溶液倒入对品红溶液时，一定要倒干净，为此在绘制标准曲线及进行测定时，应尽量选择台肩小的比色管，同时每倒3个溶液后，等3 min，再倒3个，依次进行，以确保每只比色管的显色时间皆为15 min。

（5）用过的比色管及比色皿及时用酸洗涤，否则红色难以洗净，比色管用盐酸（1+4）及1/3体积的95%乙醇混合液洗涤。

7. 思考与分析

（1）本次实验的误差来源有哪些？应如何减少误差？

（2）测定一次结果能否代表日平均浓度？假如你测定的结果是日平均浓度，达到哪一级大气质量标准？

实训项目三　环境空气一氧化碳的测定

一、一氧化碳测定概述

一氧化碳（CO）是无色、无味的有毒气体。它容易与人体血液中的血红蛋白结合，形成高碳氧血红蛋白，使血液输送氧的能力降低，造成缺氧症。它是大气中主要污染物之一。主要人为污染源来自于石油、煤炭燃烧不充分时的产物和汽车尾气等。自然污染源来自于火山爆发、森林火灾等。

测定大气中 CO 的方法有非分散红外吸收法、气相色谱法、定电位电解法、汞置换法等。

1. 非分散红外吸收法

（1）方法原理。非色散红外吸收法是通过 CO 对红外光的特征吸收进行定量分析。其依据是在一定浓度范围内，CO 对特征波长（4.67 μm）的吸收强度与 CO 的浓度之间的关系遵守朗伯－比尔定律。非分散红外吸收法 CO 测定仪工作原理如图 3—1 所示。

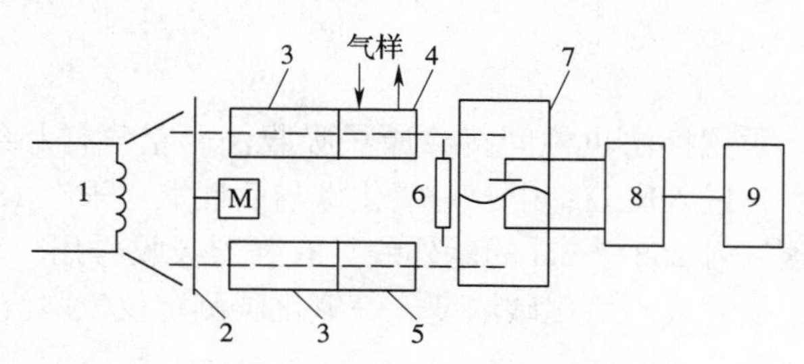

图 3—1　非分散红外吸收法 CO 监测仪原理示意

1—红外光源　2—切光片　3—滤波室　4—测量室　5—参比室

6—调零挡板　7—检测室　8—放大及信号处理系统　9—指示表及记录仪

从红外光源发射出能量相等的两束平行光，被同步电机 M 带动的切光片交替切断。然后，一路通过滤波室（内充 CO 和水蒸气，用以消除干扰光）、参比室（内充不吸收红外光的气体，如氮气）射入检测室，这束光称为参比光束，其 CO 特征吸收波长光强不变。另一束光称为测量光束，通过滤波室、测量室，射入检测室。由于测量室内有气样通过，则气样中的 CO 吸收了部分特征波长的红外光，射入检测室的光束强度减弱，且 CO 含量越高，光强减弱越多。

将光的强度变化转化成电信号，经放大及信号处理后，由指示表和记录仪显示和记录测量结果。记录气样中 CO 浓度（c），以 ppm 计，将其转化成标准状态下的质量浓度。

（2）检测范围。方法的测定范围为 0 ~ 50 ppm（0 ~ 62.5 mg/m^3）。

2. 定电位电解法

（1）方法原理。传感器电解液中扩散吸收的一氧化碳发生以下氧化反应：

$$CO + H_2O \rightarrow CO_2 + 2H^+ + 2e^-$$

与此同时，产生对应的极限扩散电流 i，在一定范围内其大小与一氧化碳浓度成正比，即

$$i = \frac{ZFSD}{\delta} \times c$$

式中 Z——电子转移数；

F——法拉第常数；

S——气体扩散面积；

D——扩散常数；

δ——扩散层厚度；

c——一氧化碳浓度。

在一定工作条件下，Z、F、S、D、δ 均为常数。因此，电化学反应中流向工作电极的极限扩散电流 i 与被测 CO 浓度 c 成正比。

（2）检测范围。本方法测定范围为 0.5 ~ 50 ppm（0.6 ~ 62 mg/m^3）。被测气体中的灰尘和水分容易在渗透膜表面凝结，影响其透气性。在使用本方法时应对被测气体中的灰尘和水分进行预处理。

3. 汞置换法

（1）方法原理。汞置换法也称间接冷原子吸收法。空气样品经选择性过滤器去除干扰物及水蒸气后，进入反应室中，一氧化碳与活性氧化汞在 180 ~ 200℃ 下反应，置换出汞蒸气，汞蒸气对 253.7 nm 的紫外线具有强烈吸收作用，利用光电转换检测器测出汞蒸气含量，换算成一氧化碳浓度。一氧化碳测定仪气路流程如图3—2 所示。

反应式：

$$CO(g) + HgO(s) \xrightarrow{180 \sim 200℃} Hg(g) + CO_2(g)$$

（2）干扰及消除。空气中丙酮、甲醛、乙烯、乙炔、二氧化硫及水蒸气干扰测定，使结果偏高。其中水蒸气是影响灵敏度及稳定性的一个重要因素，故载气和样品气均需经过 5A 及 13X 分子筛及变色硅胶管过滤，以除尽干扰物及水蒸气。当烯烃含量较高时，可在 5A 分子筛管后串联一只硫酸亚汞硅胶管，以除尽乙烯、乙炔等。

此方法的最低检出浓度为 0.04 mg/m^3。

（3）测定要点

1）仪器启动和调试至最佳工作状态。

2）用标准 CO 气体校准仪器量程。

3）测量样品峰高。

（4）计算

$$一氧化碳(CO,mg/m^3)=\frac{c}{h}\times h_1$$

式中　c——一氧化碳标准气浓度，mg/m^3；

h——一氧化碳标准气峰高，mm；

h_1——一氧化碳样品气峰高，mm。

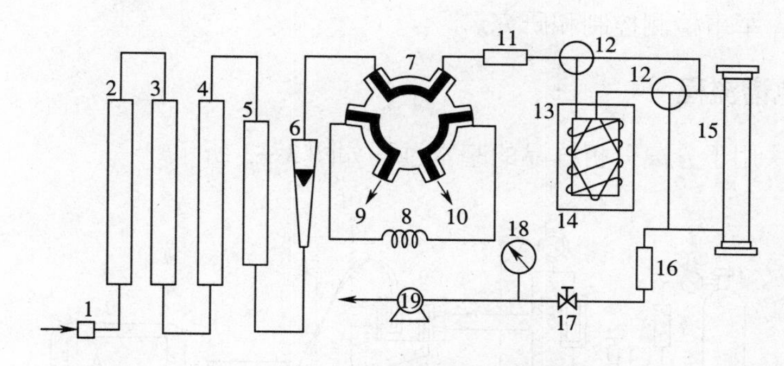

图3—2　一氧化碳测定仪气路流程

1—灰尘过滤器　2—分子筛管　3—活性炭管　4—硅胶管　5—霍加特管　6—转子流量计　7—六通阀　8—定量管　9—样品气进口　10—样品气出口　11—小分子筛管　12—三通阀　13—加热炉　14—氧化汞反应室　15—吸收池　16—碘活性炭管　17—流量调节阀　18—真空表　19—抽气泵

4. 气相色谱法

（1）方法原理。一氧化碳在色谱柱中与空气的其他成分完全分离后，进入转化炉，在360℃镍触媒催化作用下，与氢气反应，生成甲烷，用氢火焰离子化检测器测定。

反应式：

$$CO+3H_2\xrightarrow[360℃]{Ni催化}CH_4+H_2O$$

（2）测定范围。进样1 mL时，测定浓度范围是0.50～50.0 mg/m^3。

（3）干扰和排除。由于采用了气相色谱分离技术，空气、甲烷、二氧化碳及其他有机物均不干扰测定。

二、扩展知识

1. 气相色谱原理和应用范围

气相色谱仪以气体作为流动相（载气）。当样品由微量注射器注入进样器汽化后，被载气携带进入填充柱或毛细管色谱柱。由于样品中的流动相（气相）和固定相（液相或固相）间分配或吸附系数的差异，在载气的冲洗下各组分在两相间作反复多次分配，使各组分在柱中得分离，依次从柱后流出。然后用接在柱后的检测器，根据组分的物理、化学特性，将各组分按顺序检测出来。其应用范围如下：

环境保护：大气水源等污染地的痕量毒物分析、监测和研究。

生物化学：临床应用，病理和毒物研究。

食品发酵：微生物饮料中微量组分的分析研究。
中西药物：原料中间体及成品分析。
石油加工：石油化工，石油地质，油品组成等分析控制研究。
有机化学：有机合成领域内的成分研究和生产控制。
卫生检查：劳动保护公害检测的分析和研究。
尖端科学：军事检测控制和研究。

2. 气相色谱流程

气相色谱法用于分离分析样品的基本过程如图 3—3 所示。

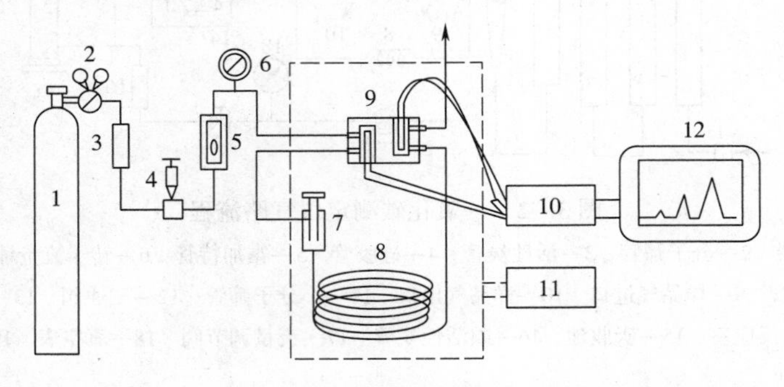

图 3—3　气相色谱流程示意

1—载气钢瓶　2—减压阀　3—净化干燥管　4—针形阀　5—流量计　6—压力表
7—汽化室　8—色谱柱　9—热导检测器　10—放大器　11—温度控制器　12—记录仪

气相色谱仪工作程序：汽化室与进样口相接，它的作用是把从进样口注入的液体试样瞬间汽化为蒸汽，以便随载气带入色谱柱中进行分离，分离后的样品随载气依次带入检测器，检测器将组分的浓度（或质量）变化转化为电信号，电信号经放大后，由记录仪记录下来，即得色谱图。

3. 气相色谱仪

气相色谱仪是一种对混合气体中各组分进行分析检测的仪器。样品由载气带入，通过对欲检测混合物中组分有不同保留性能的色谱柱，使各组分分离，依次导入检测器，以得到各组分的检测信号。按照导入检测器的先后次序，经过对比，可以区别出是什么组分，根据峰高度或峰面积可以计算出各组分含量。通常采用的检测器有热导检测器、火焰离子化检测器、氦离子化检测器、超声波检测器、光离子化检测器、电子捕获检测器、火焰光度检测器、电化学检测器、质谱检测器等。

气相色谱仪由五大系统组成：气路系统、进样系统、分离系统、控温系统以及检测和记录系统。

（1）气路系统。气相色谱仪具有一个让载气连续运行、管路密闭的气路系统。通过该系统，可以获得纯净的、流速稳定的载气。它的气密性、载气流速的稳定性以及测量流量的准确性，对色谱结果均有很大的影响，因此必须注意控制。

常用的载气有氮气和氢气，也有用氦气、氩气和空气。载气的净化，需经过装有

活性炭或分子筛的净化器，以除去载气中的水、氧等杂质。流速的调节和稳定是通过减压阀、稳压阀和针形阀串联使用后达到。一般载气的变化程度小于1%。

（2）进样系统。进样系统包括进样器和汽化室两部分。进样系统的作用是将液体或固体试样，在进入色谱柱之前瞬间汽化，然后快速定量地转入到色谱柱中。进样量的大小，进样时间的长短，试样的汽化速度等都会影响色谱的分离效果和分析结果的准确性和重现性。

1）进样器。液体样品的进样一般采用微量注射器。气体样品的进样常用色谱仪本身配置的推拉式六通阀或旋转式六通阀定量进样。

2）汽化室。为了让样品在汽化室中瞬间汽化而不分解，因此要求汽化室热容量大，无催化效应。为了尽量减少柱前谱峰变宽，汽化室的死体积应尽可能小。

（3）分离系统。分离系统由色谱柱组成。色谱柱主要有两类：填充柱和毛细管柱。

1）填充柱。由不锈钢或玻璃材料制成，内装固定相，一般内径为2～4 mm，长1～3 m。填充柱的形状有U形和螺旋形两种。

2）毛细管柱。又叫空心柱，分为涂壁、多孔层和涂载体空心柱。空心毛细管柱材质为玻璃或石英。内径一般为0.2～0.5 mm，长度30～300 m，呈螺旋形。

色谱柱的分离效果除与柱长、柱径和柱形有关外，还与所选用的固定相和柱填料的制备技术以及操作条件等许多因素有关。

（4）控制温度系统。温度直接影响色谱柱的选择分离、检测器的灵敏度和稳定性。控制温度主要是对色谱柱炉、汽化室、检测室的温度控制。色谱柱的温度控制方式有恒温和程序升温两种。

对于沸点范围很宽的混合物，一般采用程序升温法进行。程序升温是指在一个分析周期内柱温随时间由低温向高温作线性或非线性变化，以达到用最短时间获得最佳分离的目的。

（5）检测和放大记录系统

1）检测系统。根据检测原理的差别，气相色谱检测器可分为浓度型和质量型两类。

浓度型检测器测量的是载气中组分浓度的瞬间变化，即检测器的响应值正比于组分的浓度，如热导检测器（TCD）、电子捕获检测器（ECD）。质量型检测器测量的是载气中所携带的样品进入检测器的速度变化，即检测器的响应信号正比于单位时间内组分进入检测器的质量，如氢焰离子化检测器（FID）和火焰光度检测器（FPD）。

2）记录系统。记录系统是一种能自动记录由检测器输出的电信号的装置。

4. 气相色谱法分析空气中一氧化碳的实例

（1）色谱分析条件

色谱柱温度：78℃；

转化炉温度：360℃；

载气：H_2，78 mL/min；

氮气：130 mL/min；

空气：750 mL/min；

记录仪：满量程 10 mA，纸速 50 mm/min；

静电放大器：高阻 10^{10} Ω；

进样量：用六通进样阀进样 1 mL。

（2）气相色谱图。按上述色谱分析条件得到标准气和样品气色谱图，如图 3—4 所示。

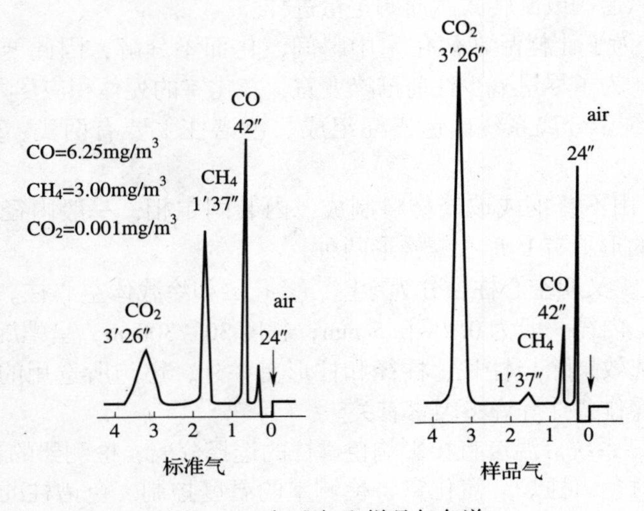

图 3—4　标准气和样品气色谱

三、实训过程：环境空气　一氧化碳的测定

依据标准：《公共场所空气中一氧化碳测定方法》（GB/T 18204. 23—2000）。

1. 测定原理

一氧化碳对以 4. 5 μm 为中心波段的红外辐射具有选择性吸收，在一定的浓度范围内，其吸光度与一氧化碳浓度呈线性关系，故根据气样的吸光度可确定一氧化碳的浓度。

水蒸气、悬浮颗粒物会干扰一氧化碳的测定。测定时，气样需经硅胶、无水氯化钙过滤管除去水蒸气，经玻璃纤维滤膜除去颗粒物。

2. 仪器

（1）非色散红外一氧化碳分析仪。

（2）记录仪：0 ~ 10 mV。

（3）聚乙烯塑料采气袋、铝箔采气袋或衬铝塑料采气袋。

（4）弹簧夹。

（5）双联球。

3. 试剂

（1）高纯氮气：99.99%。
（2）变色硅胶。
（3）无水氯化钙。
（4）霍加拉特管。
（5）一氧化碳标准气。

4. 采样

用双联球将现场空气抽入采气袋内，洗3~4次，采气0.5 L，夹紧进气口。

5. 测定步骤

（1）启动和调零。开启电源开关，稳定1~2 h，将高纯氮气连接在仪器进气口，通入氮气校准仪器零点。也可以用经霍加拉特管（加热至90~100℃）净化后的空气调零。

注：霍加拉特管内装有由活性二氧化锰和氧化铜按一定比例制成的颗粒状催化剂，它的作用是将空气中的一氧化碳氧化成二氧化碳。

（2）校准仪器。将一氧化碳标准气连接在仪器进气口，使仪表指针指示满刻度的95%，重复2~3次。

（3）样品测定。将采气袋连接在仪器进气口，则样气被抽入仪器中，由指示表直接指示出一氧化碳的浓度（ppm）。

6. 计算

一氧化碳浓度计算式：

$$c_1 = \frac{c_2}{B} \times 28$$

式中　c_1——标准状态下质量浓度，mg/m^3；

c_2——一氧化碳体积浓度，mL/m^3（ppm）；

B——标准状态下的气体摩尔体积，当0℃，101 kPa时，$B=22.41$；

28——一氧化碳分子量。

7. 注意事项

（1）仪器启动后，必须预热，稳定一定时间再进行测定。仪器具体操作按仪器说明书规定进行。

（2）空气样品应经硅胶干燥，玻璃纤维滤膜过滤后再进入仪器，以消除水蒸气和颗粒物的干扰。

（3）仪器接上记录仪，将空气连续抽入仪器，可连续监测空气中一氧化碳浓度的变化。

8. 思考与分析

(1) 为确保仪器的灵敏度，在测定时需注意什么?

(2) 非分散红外吸收法测定空气中一氧化碳，仪器表头指示浓度为1.2 ppm，若换算成标准状态下质量浓度 (mg/m^3) 是多少?

实训项目四　环境空气臭氧的测定

一、臭氧测定概述

臭氧是一种淡蓝色的气体，是较强的氧化剂，有特殊的气味。它是大气中的氧经紫外线照射或受雷击或弧光放电形成的。臭氧式高空大气的正常组分，能强烈吸收紫外光，保护生物免受太阳紫外光的照射。臭氧在紫外线的作用下，参与烃类和氮氧化物的光化学反应，共同形成大气中二次污染物。当环境中的臭氧浓度为2～4 mg/m^3时，能刺激黏膜引起支气管炎和头痛，而且能扰乱中枢神经。

臭氧的测定方法有靛蓝二磺酸钠分光光度法、紫外光度法和硼酸碘化钾分光光度法等。

1. 靛蓝二磺酸钠分光光度法

（1）方法原理。空气中的臭氧，在磷酸盐缓冲溶液存在下，与吸收液中蓝色的靛蓝二磺酸钠（$C_{16}H_8N_2Na_2O_8S_2$，简称IDS）等摩尔反应，使其氧化褪色生成靛红二磺酸钠。在610nm处测量吸光度，根据蓝色减退的程度定量测定空气中的臭氧浓度。

（2）检测范围。当采样体积为30L时，本方法测定空气中臭氧的浓度范围为0.030～1.200 mg/m^3。空气中二氧化硫、硫化氢、过氧乙酰硝酸酯（PAN）和氟化物的浓度高于一定值时，对测定有干扰。

（3）测定要点

1）以$KBrO_3-KBr$标准溶液代替O_3与靛蓝二磺酸钠溶液进行反应，再用KI溶液与过量的Br_2反应，生成的I_2用标准$Na_2S_2O_3$溶液滴定。通过$KBrO_3-KBr$标准溶液的加入量和$Na_2S_2O_3$标准溶液的浓度、消耗体积，折算成O_3的质量浓度。用此$KBrO_3-KBr$标准溶液配制测定O_3的标准系列溶液。

$$c(O_3,\mu g/mL)=\frac{c_1V_1-c_2V_2}{V}\times 12.00\times 10^3$$

式中　c——每毫升靛蓝二磺酸钠溶液相当于臭氧的质量浓度，μg/mL；

c_1——溴酸钾－溴化钾标准溶液的浓度，mol/L；

V_1——溴酸钾－溴化钾标准溶液的体积，mL；

c_2——滴定用硫代硫酸钠标准溶液的浓度，mol/L；

V_2——滴定用硫代硫酸钠标准溶液的体积，mL；

V——IDS标准储备液的体积，mL；

12.00——臭氧的摩尔质量（$1/4O_3$），g/mol。

2）用10 mm比色皿，在610 nm处，以水为参比测量吸光度。以臭氧含量为横坐标，以零管样品的吸光度（A_0）与各标准样品管的吸光度（A）之差（$A_0 - A$）为纵坐标，用最小二乘法计算标准曲线的回归方程：

$$y = bx + a$$

式中　y——$A_0 - A$；

x——臭氧含量，μg/mL；

b——回归方程的斜率，吸光度，mL/μg；

a——回归方程的截距。

（4）臭氧含量计算

$$臭氧(O_3, mg/m^3) = \frac{(A_0 - A - a)V}{bV_n}$$

式中　V——样品溶液的总体积，mL；

V_n——换算为标准状态（0℃，101.325 kPa）下的采样体积，L。

所得结果表示至小数点后3位。

2. 紫外光度法

（1）方法原理。空气样品以恒定流速进入仪器的气路系统，由于臭氧对254 nm 波长的紫外光有特征吸收，当零空气和气样交替地通过吸收池时，由光检测器分别检出气体流过后的透光强度 I_0 和 I，每经过一个循环周期，仪器的微处理系统根据朗伯－比尔定律将测得的光强之比转换为臭氧浓度显示在显示器上。紫外光度法臭氧测定仪工作原理如图4—1所示。

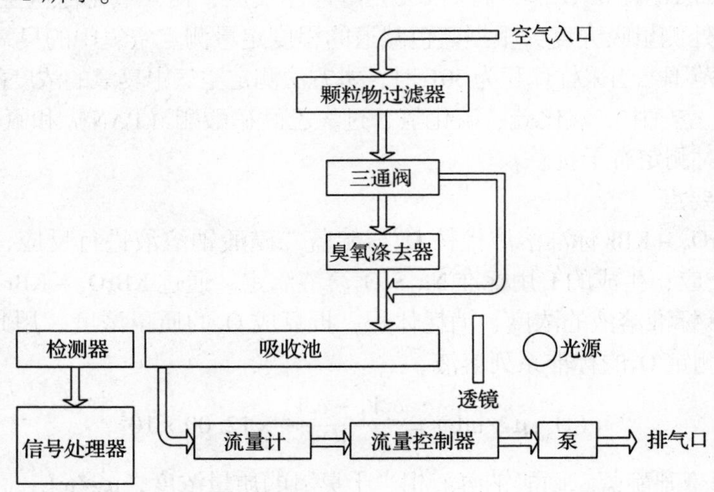

图4—1　紫外光度法臭氧测定仪工作原理示意

关系式为

$$\frac{I}{I_0} = e^{-acl}$$

式中　I——臭氧样品通过吸收池时，被光检测器检测的透光强度；

I_0——零空气样品通过吸收池时，被光检测器检测的透光强度；

a——臭氧对254 nm 波长光的吸收系数；

c——臭氧浓度，μg/m³；

l——光路长度，m。

（2）检测范围。本方法的检出限为 1.962 μg/m³（25℃，101.325 kPa）；2.14 μg/m³（0℃，101.325 kPa）。本方法不受常见气体的干扰，但受极少数有机物干扰，如苯及苯胺等在254 nm处吸收紫外光，对臭氧测定有干扰。

3. 硼酸碘化钾分光光度法

（1）方法原理。用含有硫代硫酸钠的硼酸钠碘化钾溶液为吸收液，空气中的臭氧及氧化剂氧化溶液中的碘离子，析出的碘分子立即被硫代硫酸钠还原：

$$O_3 + 2KI + H_2O \rightarrow I_2 + O_2 + 2KOH$$

$$I_2 + 2Na_2S_2O_3 \rightarrow 2NaI + Na_2S_4O_6$$

采样后，加入一定量过量的碘溶液，以氧化剩余的硫代硫酸钠，剩余的碘在波长352 nm处测定吸光度。总氧化剂吸光度减去除去臭氧后的零空气样品的吸光度，即为臭氧析出碘的吸光度。由此可换算成臭氧的量。

（2）检测范围。此方法灵敏，简便易行。测定总氧化剂浓度减去零空气样品浓度，得臭氧浓度。当采样体积为30 L时，最低检出浓度为0.006 mg/m³。

（3）测定要点

1）以碘酸钾－碘化钾标准溶液作为测定臭氧的标准溶液，根据物质的量关系将每毫升碘酸钾－碘化钾标准溶液换算成臭氧含量。以此溶液配制标准系列溶液，测其吸光度，绘制标准曲线。

$$KIO_3 + 5KI + 3H_2SO_4 \rightarrow 3I_2 + 3K_2SO_4 + 3H_2O$$

2）用绘制标准曲线同样的方法测定样品的吸光度。

3）臭氧过滤器在常温下可使臭氧完全分解，MnO_2是催化剂。MnO_2的催化效果受空气湿度的影响。

二、扩展知识：总烃和非甲烷烃的测定

污染环境空气的烃类一般指具有挥发性的碳氢化合物（C_1～C_8），常用两种方法表示：一种是包括甲烷在内的烃，称为总烃（THC）；另一种是除甲烷以外的烃，称为非甲烷烃（NMHC）。

当空气严重污染时，非甲烷烃参加光化学反应，是造成光化学污染的因素之一。

空气中的碳氢化合物主要来自于石油炼制、焦化、化工等生产过程中排放的废气及汽车尾气，局部地区也来自天然气、油田气的逸散。

测定总烃和非甲烷烃的方法主要有气相色谱法。使用气相色谱法时，由于氧的存在，产生正干扰，干扰的消除方法有两种。一种是以氮气为载气，在固定色谱条件下，一定氧的响应值是固定的，因此可以用净化空气求出空白值，从总峰中予以扣除，消除氧的干扰；另一种是使用除烃后的净化空气为载气，在稀释以氮气为底气的甲烷标准气时，加入一定体积的纯氧，使配制的标准系列气体中的氧含量与样品中氧含量相近（即与空气中氧的含量相近），于是标准气与样品气的峰高包括相同的氧峰，可抵消

氧峰的干扰。

1. 方法原理

用气相色谱仪以火焰离子化检测器分别测定空气中总烃及甲烷烃的含量，两者之差即为非甲烷烃的含量。方法的检出限为0.2 ng（以甲烷计）。

采用氮气为载气测定总烃和非甲烷烃的气相色谱流程如图4—2所示。

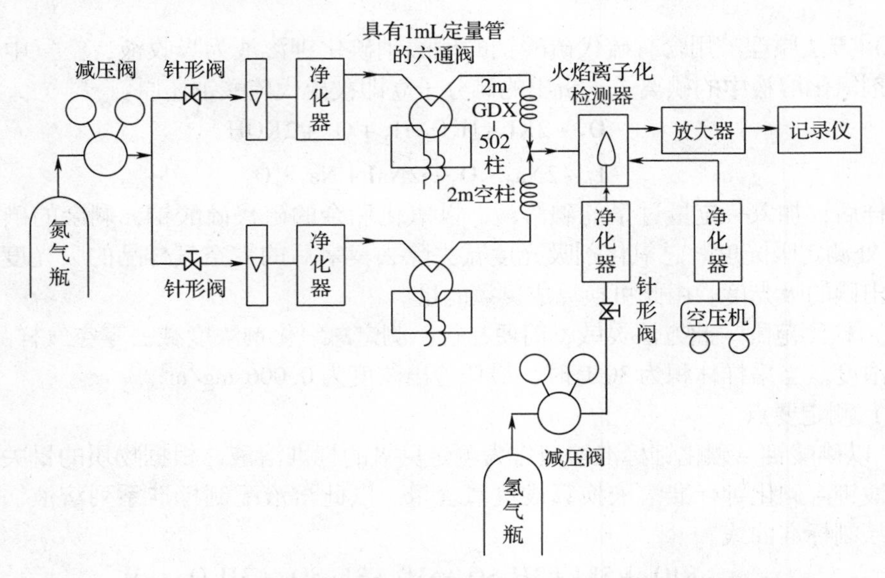

图4—2 采用氮气为载气测定总烃和非甲烷烃的气相色谱流程

2. 测定要点

采用氮气作载气的方法测定时，将气样、甲烷标准气及除烃净化空气依次分别经1 mL定量管，通过六通阀进入色谱空柱（玻璃微球填充），分别测量总烃峰高（包括氧峰）、甲烷标准气体峰高及除烃净化空气峰高。

同时将气样及甲烷标准气体，经1 mL定量管，通过六通阀进入GDX－502（聚二乙烯基苯多孔小球）柱。测量气样中甲烷的峰高及甲烷标准气体的峰高。

若采用除烃净化空气为载气时，将气样及甲烷标准气体，经1 mL定量管，通过六通阀，进入玻璃微球填充柱和进入GDX－502柱，分别测量气样中总烃峰高、甲烷峰高及甲烷标准气体在两柱的峰高。采用除烃净化空气为载气的气相色谱流程如图4—3所示。

3. 结果计算

（1）当采用氮气为载气时，结果计算：

$$总烃(以甲烷计,mg/m^3)=\frac{h_t-h_a}{h_s}\times c_s$$

$$甲烷(mg/m^3)=\frac{h_m}{h_s'}\times c_s$$

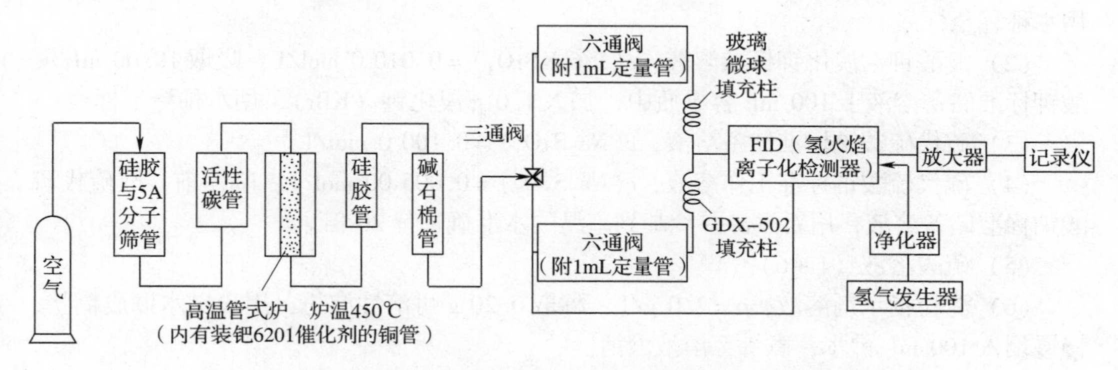

图 4—3　采用除烃净化空气为载气总烃和非甲烷烃的气相色谱流程

（2）当采用除烃净化空气作载气时结果计算：

$$总烃(以甲烷计,mg/m^3)=\frac{h_t}{h_s}\times c_s$$

$$甲烷(mg/m^3)=\frac{h_m}{h_s'}\times c_s$$

非甲烷烃的浓度为总烃与甲烷浓度之差。

式中　h_t——气样中总烃峰高（包括氧峰），mm；

h_a——除烃净化空气中氧的峰高，mm；

h_s——甲烷标准气体经过空柱（玻璃微球填充柱）后测得的峰高，mm；

h_m——气样中甲烷的峰高，mm；

h_s'——甲烷标准气体经过 GDX－502 柱测得的峰高，mm；

c_s——甲烷标准气体浓度，mg/m³；即 ppm $\times\frac{16.0}{22.4}$（16.0 为甲烷的分子量）。

三、实训过程：环境空气　臭氧的测定

依据标准：《环境空气　臭氧的测定　靛蓝二磺酸钠分光光度法》（HJ 504—2009）。

1. 方法原理

空气中的臭氧在磷酸盐缓冲溶液存在下，与吸收液中蓝色的靛蓝二磺酸钠等摩尔反应，褪色生成靛红二磺酸钠，在 610 nm 处测量吸光度，根据蓝色减退的程度定量空气中臭氧的浓度。

2. 试剂和材料

除非另有说明，本标准所用试剂均使用符合国家标准的分析纯化学试剂，实验用水为新制备的去离子水或蒸馏水。

（1）溴酸钾标准储备溶液，$c(1/6\ KBrO_3)=0.100\ 0$ mol/L：准确称取 1.391 8 g 溴化钾（优级纯，180℃烘 2 h），置烧杯中，加入少量水溶解，移入 500 mL 容量瓶中，

用水稀释至标线。

（2）溴酸钾 - 溴化钾标准溶液，$c(1/6\ KBrO_3)=0.010\ 0$ mol/L：吸取 10.00 mL 溴酸钾标准储备溶液于 100 mL 容量瓶中，加入 1.0 g 溴化钾（KBr），用水稀释至标线。

（3）硫代硫酸钠标准储备溶液，$c(Na_2S_2O_3)=0.100\ 0$ mol/L。

（4）硫代硫酸钠标准工作溶液，$c(Na_2S_2O_3)=0.005\ 00$ mol/L：临用前，取硫代硫酸钠标准储备溶液，用新煮沸并冷却到室温的水准确稀释 20 倍。

（5）硫酸溶液（1+6）。

（6）淀粉指示剂溶液，$\rho=2.0$ g/L：称取 0.20 g 可溶性淀粉，用少量水调成糊状，慢慢倒入 100 mL 沸水，煮沸至溶液澄清。

（7）磷酸盐缓冲溶液，$c(KH_2PO_4-Na_2HPO_4)=0.050$ mol/L：称取 6.8 g 磷酸二氢钾（KH_2PO_4）、7.1 g 无水磷酸氢二钠（Na_2HPO_4），溶于水，稀释至 1 000 mL。

（8）靛蓝二磺酸钠（$C_{16}H_8N_2Na_2O_8S_2$，简称 IDS），分析纯、化学纯或生化试剂。

（9）IDS 标准储备溶液：称取 0.25 g 靛蓝二磺酸钠溶于水，移入 500 mL 棕色容量瓶内，用水稀释至标线，摇匀，在室温暗处存放 24 h 后标定。此溶液在 20℃以下暗处存放可稳定 2 周。

标定方法：准确吸取 20.00 mL IDS 标准储备溶液于 250 mL 碘量瓶中，加入 20.00 mL 溴酸钾 - 溴化钾溶液，再加入 50 mL 水，盖好瓶塞，在（16±1）℃生化培养箱（或水浴）中放置至溶液温度（16±1）℃时，加入 5.0 mL 硫酸溶液，立即盖塞、混匀并开始计时，于（16±1）℃暗处放置（35±1.0）min 后，加入 1.0 g 碘化钾，立即盖塞，轻轻摇匀至溶解，暗处放置 5 min，用硫代硫酸钠溶液滴定至棕色刚好褪去呈淡黄色，加入 5 mL 淀粉指示剂溶液，继续滴定至蓝色消退，终点为亮黄色。记录所消耗的硫代硫酸钠标准工作溶液的体积，要求平行滴定所消耗的硫代硫酸钠标准溶液体积不应大于 0.10 mL。

每毫升靛蓝二磺酸钠溶液相当于臭氧的质量浓度（μg/mL）由式（4—1）计算：

$$\rho=\frac{c_1V_1-c_2V_2}{V}\times 12.00\times 10^3 \tag{4—1}$$

式中 ρ——每毫升靛蓝二磺酸钠溶液相当于臭氧的质量浓度，μg/mL；

c_1——溴酸钾 - 溴化钾标准溶液的浓度，mol/L；

V_1——加入溴酸钾 - 溴化钾标准溶液的体积，mL；

c_2——滴定时所用硫代硫酸钠标准溶液的浓度，mol/L；

V_2——滴定时所用硫代硫酸钠标准溶液的体积，mL；

V——IDS 标准储备溶液的体积，mL；

12.00——臭氧的摩尔质量（$1/4O_3$），g/mol。

（10）IDS 标准工作溶液：将标定后的 IDS 标准储备液用磷酸盐缓冲溶液逐级稀释成每毫升相当于 1.00 μg 臭氧的 IDS 标准工作溶液，此溶液于 20℃以下暗处存放可稳定 1 周。

（11）IDS 吸收液：取适量 IDS 标准储备液，根据空气中臭氧质量浓度的高低，用磷酸盐缓冲溶液稀释成每毫升相当于 2.5 μg（或 5.0 μg）臭氧的 IDS 吸收液，此溶液于 20℃以下暗处可存放 1 个月。

3. 仪器和设备

（1）空气采样器：流量范围0.0～1.0 L/min，流量稳定。使用时，用皂膜流量计校准采样系统和采样后的流量，相对误差应小于±5%。

（2）多孔玻板吸收管：内装10 mL吸收液，以0.50 L/min流量采气，玻板阻力应为4～5 kPa，分散均匀。

（3）具塞比色管：10 mL。

（4）生化培养箱或恒温水浴：温控精度为±1℃。

（5）水银温度计：精度为±0.5℃。

（6）分光光度计：具20 mm比色皿，可于波长610 nm处测量吸光度。

（7）一般实验室常用玻璃仪器。

4. 样品

（1）样品的采集与保存。用内装（10.00±0.02）mL IDS吸收液的多孔玻板吸收管，罩上黑色避光套，以0.5 L/min流量采气5～30 L。当吸收液褪色约60%时（与现场空白样品比较），应立即停止采样。样品在运输及存放过程中应严格避光。当确信空气中臭氧的质量浓度较低，不会穿透时，可以用棕色玻板吸收管采样。样品于室温暗处存放至少可稳定3天。

（2）现场空白样品。用同一批配制的IDS吸收液，装入多孔玻板吸收管中，带到采样现场。除了不采集空气样品外，其他环境条件保持与采集空气的采样管相同。

每批样品至少带两个现场空白样品。

5. 分析步骤

（1）绘制校准曲线

1）取10 mL具塞比色管6只，按表4—1制备标准色列。

表4—1　　**标准色列**

管号	1	2	3	4	5	6
IDS标准溶液（mL）	10.00	8.00	6.00	4.00	2.00	0.00
磷酸盐缓冲溶液（mL）	0.00	2.00	4.00	6.00	8.00	10.0
臭氧质量浓度（μg/mL）	0.00	0.20	0.40	0.60	0.80	1.00

2）各管摇匀，用20 mm比色皿，以水作参比，在波长610 nm下测量吸光度。以校准系列中零浓度管的吸光度（A_0）与各标准色列管的吸光度（A）之差为纵坐标，臭氧质量浓度为横坐标，用最小二乘法计算校准曲线的回归方程：

$$y = bx + a$$

式中　y——$A_0 - A$，空白样品的吸光度与各标准色列管的吸光度之差；

x——臭氧质量浓度，μg/mL；

b——回归方程的斜率，吸光度·mL/μg；

a——回归方程的截距。

（2）用已知质量浓度的臭氧标准气体绘制标准工作曲线。当用本方法作紫外臭氧分析仪的二级传递标准时，用已知质量浓度的臭氧标准气体绘制标准工作曲线。

（3）采样后，在吸收管的入气口端串接一个玻璃尖嘴，在吸收管的出气口端用吸耳球加压将吸收管中的样品溶液移入25 mL（或50 mL）容量瓶中，用水多次洗涤吸收管，使总体积为25.0 mL（或50.0 mL）。用20 mm比色皿，以水作参比，在波长610 nm下测量吸光度。

6. 结果表示

空气中臭氧的质量浓度按下式计算：

$$\rho(O_3) = \frac{(A_0 - A - a)V}{bV_0}$$

式中 $\rho(O_3)$——空气中臭氧的质量浓度，mg/m³；

A_0——现场空白样品吸光度的平均值；

A——样品的吸光度；

b——标准曲线的斜率；

a——标准曲线的截距；

V——样品溶液的总体积，mL；

V_0——换算为标准状态（101.325 kPa、273 K）的采样体积，L。

所得结果精确至小数点后3位。

7. 思考与分析

此次测定所使用的硫代硫酸钠需要标定吗？有几种标定方法？如何计算？

实训项目五　环境空气氨的测定

一、氨测定概述

氨以游离态或其盐的形式存在于大气中。氨是一种无色而具有强烈刺激性臭味的气体，比空气轻，人体可感觉氨的最低浓度为5.3 ppm。氨是一种碱性物质，它对接触的皮肤组织都有腐蚀和刺激作用。可以吸收皮肤组织中的水分，使组织蛋白变性，并使组织脂肪皂化，破坏细胞膜结构。氨的溶解度极高，所以主要对动物或人体的上呼吸道有刺激和腐蚀作用，减弱人体对疾病的抵抗力。浓度过高时除腐蚀作用外，还可通过三叉神经末梢的反射作用而引起心脏停搏和呼吸停止。

大气中氨污染的主要来源是化肥、造纸、制革、建筑等生产工艺和有机物腐败等过程。

氨的测定方法有次氯酸钠－水杨酸分光光度法、纳氏试剂分光光度法、离子选择电极法和离子色谱法。

1. 次氯酸钠－水杨酸分光光度法

（1）方法原理。空气采样，用稀硫酸溶液吸收，生成硫酸氢铵。在亚硝基铁氰化钾存在下，以酒石酸钾钠作为掩蔽剂，铵离子、水杨酸和次氯酸钠反应生成蓝色化合物，颜色的深浅与空气中氨的含量成正比，用分光光度法在698 nm处测定其吸光度值定量分析。

（2）检测范围。本方法灵敏度和选择性较好，但操作较复杂。当采样体积为20 L时，最低检出浓度为7.0 $\mu g/m^3$。

（3）测定要点

1）以氯化铵标准溶液作为测定氨的标准，配制标准储备液、标准使用液和标准系列溶液，折算成氨的浓度。

2）测定标准系列溶液的吸光度值，绘制标准曲线。

3）采样，经处理后与绘制标准曲线时同样的处理方法测得吸光值，从曲线中查得氨的含量。

特别说明

显色反应须在碱性条件中进行，游离碱的浓度须为0.75 mol/L（以NaOH计）；使用的次氯酸钠溶液有效氯含量为0.35%（m/V）。故需用碘量法测定有效氯的含量，用盐酸滴定法测定游离碱的含量。这其中需配制和标定硫代硫酸钠溶液，用于碘量法；需配制和标定盐酸溶液，用于滴定游离碱。

2. 纳氏试剂分光光度法

(1) 方法原理。空气采样，用稀硫酸吸收氨，在碱性条件下与纳氏试剂反应生成黄棕色络合物。该络合物的色度与氨的含量成正比，在 420 nm 波长处进行分光光度测定。

(2) 干扰及消除。样品中若含有三价铁等金属离子、硫化物和醛类有机物时，干扰测定。加入一定量的酒石酸钾钠溶液可消除三价铁等金属离子的干扰。若样品因产生异色而引起干扰，可在样品溶液中加入稀盐酸而除去干扰。有些有机物生成沉淀干扰测定，可在比色前，用 0.1 mol/L 的盐酸将吸收液酸化到 pH 值不大于 2 后煮沸除去。

(3) 适用范围。此方法简便，但选择性略差，且测定过程中使用的纳氏试剂含有大量的汞盐，毒性较强，容易造成二次污染。当样品溶液总体积为 10 mL、采样体积为 20 L 时，最低检出浓度为 0.03 mg/m^3。

3. 氨气敏电极法

(1) 方法原理。氨气敏电极为一复合电极，以 pH 玻璃电极为指示电极，银－氯化银电极为参比电极。此电极对被置于盛有 0.1 mol/L 氯化铵内充液的塑料套管中，管底用一张微孔疏水透气膜与试液隔开，并使透气膜与 pH 玻璃电极间有一层很薄的液膜。

在强碱性介质中，采样中硫酸吸收液吸收的氨，全部转化为游离氨，氨气通过透气膜进入氯化铵内充液层中，使 $NH_4^+ \rightleftharpoons NH_3 + H^+$ 测得的电极电位与氨浓度的对数值成直线关系。由此，可从测得的电极电位值确定样品中氨的含量。

(2) 适用范围。此方法具有准确、简便，测定范围宽等优点。当采样体积为 60 L，样品溶液总体积为 10 mL 时，最低检出浓度为 0.015 mg/m^3。

4. 离子色谱法

(1) 方法原理。空气采样，用硫酸吸收其中的氨，用离子色谱进行测定，根据被测组分铵离子浓度与色谱图中出峰面积或峰高成正比，可测得空气中氨的浓度。

(2) 适用范围。此方法具有高选择性且灵敏、快速和简便，可同时测定多种组分，但需要配备相应的仪器和阳离子分离柱，增加了测定成本。当用 10 mL 吸收液，采样体积为 30 L 时，最低检出浓度为 0.007 mg/m^3。

二、扩展知识：大气环境标准

大气环境标准包括大气环境质量标准、大气固定源污染物排放标准和相关大气监测规范、方法标准。

大气环境质量标准
- 室内空气质量标准（GB/T 18883—2002）
- 环境空气质量标准（GB 3095—2012）

大气固定源污染物排放标准
- 水泥工业大气污染物排放标准（GB 4519—2004）
- 火电厂大气污染物排放标准（GB 13223—2003）
- 饮食业油烟排放标准（GB 18483—2001）
- 锅炉大气污染物排放标准（GB 13271—2001）
- 大气污染物综合排放标准（DB 11/501—2007）
- 工业炉窑大气污染物排放标准（GB 9078—1996）
- 炼焦炉大气污染物排放标准（GB 16171—1996）
- 恶臭污染物排放标准（GB 14554—1993）

相关监测规范、方法标准
- 降雨自动采样器技术要求及检测方法（HJ/T 174—2005）
- 室内环境空气质量监测技术规范（HJ/T 167—2004）
- 酸沉降监测技术规范（HJ/T 165—2004）
- 环境空气 PM_{10}和 $PM_{2.5}$的测定重量法（HJ 618—2011）
- 火电厂烟气排放连续监测技术规范（HJ/T 75—2001）
- 大气固定污染源镉的测定火焰原子吸收分光光度法（HJ/T 64.1—2001）

以上列出的是大气环境标准的一部分。下面对环境空气质量标准和大气污染物综合排放标准进行简要说明。

（1）环境空气质量标准。环境空气质量标准规定了环境空气质量功能区划分、标准分级、污染物项目、取值时间及浓度限值，采样与分析方法及数据统计的有效性等。标准适用于全国范围的环境空气质量评价。

环境空气质量功能区分为两类：一类区为自然保护区、风景名胜区和其他需要特殊保护的区域；二类区为居住区、商业交通居民混合区、文化区、工业区和农村地区。

环境空气质量标准分为两级：一类区适用一级浓度限值，二类区适用二级浓度限值。

标准中列出了环境空气污染物基本项目浓度限值和环境空气污染物其他项目浓度限值。基本污染物包括二氧化硫（SO_2）、二氧化氮（NO_2）、一氧化碳（CO）、臭氧（O_3）、颗粒物（粒径小于等于10 μm）、颗粒物（粒径小于等于2.5 μm）；环境空气污染物其他项目包括总悬浮颗粒物（TSP）、氮氧化物（NO_x）、铅（Pb）、苯并（a）芘（BaP）。

其他有关大气污染排放标准是在环境空气质量标准的基础上，考虑到地理位置情况、空气动力学等多种影响因素而制定的。

（2）大气污染物综合排放标准。大气污染物综合排放标准中规定了一般污染源排放要求（排放浓度、速率限值）。

一般污染物第一类为极度毒性物质，包括二噁英和呋喃、多氯联苯（PCBs）、苯并（a）芘。第二类为颗粒物，包括一些金属及其化合物和非金属化合物，如铍、汞、铅、砷、镉、镍、锡、石棉纤维及粉尘、SiO_2粉尘；玻璃棉、沥青烟等。第三类为无机气态污染物，包括铬酸雾、砷化氢、磷化氢、光气、氰化氢等。第四类为有机气态污染物，包括环氧乙烷、1，3－丁二烯、1，2－二氯乙烷、丙烯腈、苯等。

排放标准规定了典型 VOCs 污染源排放要求。典型污染源包括汽车制造涂装和汽车维修保养业、金属铸造业、半导制造业等，主要污染物指标有苯、甲苯与二甲苯合计、非甲烷总烃等。

标准对排气筒高度与排放速率、有机溶剂使用工艺通用控制要求做出了技术与管理规定。对于排气筒监测、无组织排放监测、汽车涂装生产线 VOCs 总量排放核算方法做出了规定。

三、实训过程：环境空气　氨的测定

依据标准：《环境空气和废气　氨的测定　纳氏试剂分光光度法》（HJ 533—2009）。

1. 方法原理

用稀硫酸溶液吸收空气中的氨，生成的铵离子与纳氏试剂反应生成黄棕色络合物，该络合物的吸光度与氨的含量成正比，在 420 nm 波长处测量吸光度，根据吸光度计算空气中氨的含量。

2. 适用范围

本方法适用于环境空气中氨的测定，也适用于制药、化工、炼焦等工业行业废气中氨的测定。方法检出限为0.5 μg/10 mL 吸收液，若增加吸收溶液量和采样气体体积，可增大检测限范围。

3. 试剂和材料

（1）制备无氨水

1）离子交换法：将蒸馏水通过一个强酸性阳离子交换树脂（氢型）柱，流出液收集在磨口玻璃瓶中。每升流出液中加 10 g 强酸性阳离子交换树脂（氢型），以便保存。

2）蒸馏法：在1 000 mL 蒸馏水中加入0.1 mL 硫酸［$\rho(H_2SO_4)=1.84$ g/mL］，在全玻璃蒸馏器中重蒸馏。弃去前 50 mL 馏出液，然后将约 800 mL 馏出液收集在磨口玻璃瓶中。每升收集的馏出液中加入 10 g 强酸性阳离子交换树脂（氢型），以便保存。

（2）硫酸吸收液，$c(1/2H_2SO_4)=0.01$ mol/L。量取 2.7 mL 硫酸［$\rho(H_2SO_4)=1.84$ g/mL］加入水中，并稀释至 1 L，配得 0.1 mol/L 的储备液。临用时再稀释 10 倍。

（3）纳氏试剂

方法一

称取 12 g 氢氧化钠（NaOH）溶于 60 mL 水中，冷却。

称取 1.7 g 二氯化汞（$HgCl_2$）溶解在 30 mL 水中。

称取3.5 g 碘化钾（KI）于 10 mL 水中，在搅拌下将上述二氯化汞溶液慢慢加入碘化钾溶液中，直至形成的红色沉淀不再溶解为止。

在搅拌下，将冷却至室温的氢氧化钠溶液缓慢地加入到上述二氯化汞和碘化钾的混合液中，用橡皮塞塞紧，2～5℃可保存 1 个月。

方法二

因二氯化汞毒性极强，购买受到限制，考虑到使用的安全性和方便，亦可直接用市售碘化汞钾（四碘合汞酸钾）配制，即 0.09 mol/L 碘化汞钾（$HgI_2 \cdot 2KI$，又写成 $K_2[HgI_4]$）与 2.5 mol/L 氢氧化钾的混合液。称取 71 g 碘化汞钾溶解，称取 140 g 氢氧化钾溶解，两溶液混合定容至 1 000 mL。

（4）酒石酸钾钠溶液，$\rho = 500$ g/L。称取 50 g 酒石酸钾钠（$KNaC_4H_6O_6 \cdot 4H_2O$）溶于 100 mL 水中，加热煮沸以驱除氨，冷却后定容至 100 mL。

（5）氨标准储备液，$\rho(NH_3) = 1\ 000$ μg/mL。称取 0.785 5 g 氯化铵（NH_4Cl，优级纯，在 100～105℃干燥 2 h）溶解于水，移入 250 mL 容量瓶中，用水稀释到标线。

（6）氨标准使用溶液，$\rho(NH_3) = 20$ μg/mL。吸取 5.00 mL 氨标准储备液于 250 mL 容量瓶中，稀释至刻度，摇匀。临用前配制。

4. 仪器和设备

（1）气体采样装置：流量范围为 0.1～1.0 L/min。
（2）玻板吸收管或大气冲击式吸收管：10 mL。
（3）具塞比色管：10 mL。
（4）分光光度计：配 10 mm 光程比色皿。
（5）玻璃容器：经检定的容量瓶、移液管。
（6）聚四氟乙烯管（或玻璃管）：内径 6～7 mm。
（7）干燥管（或缓冲管）：内装变色硅胶或玻璃棉。

5. 样品采集和保存

环境空气采样：用 10 mL 吸收管，以 0.5～1 L/min 的流量采集，采气至少 45 min。采样后应尽快分析，以防止吸收空气中的氨。若不能立即分析，2～5℃可保存 7 天。

6. 分析步骤

（1）绘制校准曲线。取 7 只 10 mL 具塞比色管，按表 5—1 制备标准系列。

表 5—1　　标准系列

管号	0	1	2	3	4	5	6
氨标准使用溶液（mL）	0.00	0.10	0.30	0.50	1.00	1.50	2.00
水（mL）	10.00	9.90	9.70	9.50	900	8.50	8.00
氨含量（μg）	0	2	6	10	20	30	40

按表 5—1 准确移取相应体积的氨标准使用溶液［$\rho(NH_3) = 20$ μg/mL］，加水至 10 mL，在各管中分别加入 0.50 mL 酒石酸钾钠溶液，摇匀，再加入 0.50 mL 纳氏试剂，摇匀。放置 10 min 后，在波长 420 nm 下，用 10 mm 比色皿，以水作参比，测定吸光度。以氨含量（μg）为横坐标，扣除试剂空白的吸光度为纵坐标绘制校准曲线。

（2）样品测定。取一定量样品溶液（吸取量视样品浓度而定）于 10 mL 比色管中，用硫酸吸收液［$c(1/2H_2SO_4)=0.01$ mol/L］稀释至10 mL。加入0.50 mL酒石酸钾钠溶液，摇匀，再加入0.50 mL纳氏试剂摇匀，放置10 min后，在波长420 nm，用10 mm比色皿，以水作参比，测定吸光度。

（3）空白实验。吸收液空白：以与样品同批配制的吸收液代替样品，按照采样全程空白，即在采样管中加入与样品同批配制的相应体积的吸收液，带到采样现场、未经采样的吸收液，按照与样品测定同样的步骤测定吸光度。

7. 结果计算

氨的含量由式（5—1）计算：

$$\rho_{NH_3}=\frac{(A-A_0-a)V_sD}{bV_{nd}V_0} \tag{5—1}$$

式中 ρ_{NH_3}——氨含量，mg/m³；

A——样品溶液的吸光度；

A_0——与样品同批配制的吸收液空白的吸光度；

a——校准曲线截距；

b——校准曲线斜率；

V_s——样品吸收液总体积，mL；

V_0——分析时所取吸收液体积，mL；

V_{nd}——所采气样标准体积（101.325 kPa，273 K），L；

D——稀释倍数。

气样标准体积V_{nd}计算公式：

$$V_{nd}=\frac{273VP}{101.325\times(273+t)} \tag{5—2}$$

式中 V——采样体积，L；

P——采样时大气压，kPa；

t——采样温度，℃。

8. 思考与分析

（1）若样品测定吸光值超出了标准曲线上限值应如何处理？

（2）试推断什么地方空气氨含量较高。

实训项目六　环境空气硫化氢的测定

一、硫化氢测定概述

硫化氢是一种具有刺激性的臭味气体，通常把它列为恶臭物质。硫化氢的臭味极易被嗅出，人对硫化氢的嗅觉阈为0.012～0.03 mg/m^3。硫化氢是神经毒物，对呼吸道和眼黏膜也有刺激作用。我国规定硫化氢的劳动环境最高容许浓度为10 mg/m^3。

在自然界动植物中氨基酸腐烂时产生硫化氢，某些热泉水及火山气体中含有低浓度的硫化氢，在很多天然气中含有较高浓度的硫化氢。大气中硫化氢污染的主要人工污染源有人造纤维、天然气净化、硫化染料、石油精炼、煤气制造、污水处理、造纸、橡胶等生产工艺及有机物腐败过程。

硫化氢在大气中很不稳定，逐渐氧化成单体硫、硫的氧化物和硫酸盐。水蒸气和阳光会促使这种氧化作用。

硫化氢化学测定方法很多，有气相色谱法、硫化银分光光度法、乙酸铅试纸法、检气管法和亚甲基蓝分光光度法等。其中以亚甲基蓝分光光度法应用最普遍，且方法灵敏，适用于大气测定。由于硫化氢极不稳定，在采样和放置过程中易被氧化和受日光照射而分解，所以吸收液成分选择应要考虑到硫化氢样品的稳定性问题。因此，在碱性氢氧化镉吸收液中加保护胶体，如阿拉伯半乳聚糖或聚乙烯醇磷酸铵，将所形成的硫化镉隔绝空气和阳光，减小氧化和光分解作用。用锌氨络盐溶液加甘油作吸收液是将 H_2S 形成络合物使其稳定。

硫化氢仪器测定有库仑滴定法和火焰光度法，所用选择性过滤器要让 H_2S 定量通过，又能排除其他干扰气体。

1. 气相色谱法

测定原理：待分析的气体样品经过色谱分离柱后，不同的硫化物以不同的时刻进入火焰光度检测器FPD，从而在记录仪上出现不同保留时间的色谱峰。因为硫化物响应与硫浓度的平方成正比，所以可根据待分析硫化物的色谱峰的大小在预先做好的双对数校正曲线上找出相应的硫浓度，从而进行硫化物的定量分析。此方法常用于废气如焦炉煤气中硫化氢含量测定。

2. 硫化银分光光度法

测定原理：空气中的硫化氢被亚砷酸钠的碳酸铵溶液吸收后，与硝酸银反应生成黄褐色的硫化银胶体溶液，其颜色深浅与硫化氢的含量呈正比关系，故可比色定量。

3. 乙酸铅试纸法

测定原理：硫化氢与醋酸铅反应生成硫化铅和醋酸，硫化铅是难溶于水，难溶于酸的黑色物质，所以可以观察到醋酸铅试纸变黑，化学中就用醋酸铅试纸专门检验 Pb^{2+} 的存在。

反应方程式：

$$Pb(Ac)_2 + H_2S = PbS + 2HAc$$

此方法用于硫化氢定性及半定量分析。

4. 检气管法

测定原理：硫化氢被动式检气管方法是一种快速测定硫化氢的方法。此方法基于气体分子扩散（Fick）定律和化学吸收原理，将检气管内的海绵载体涂渍上对硫化氢有特效的显色剂（缓冲液和醋酸铅）。测定时，硫化氢通过检气管端口扩散进入管内，在经过载体时，与载体上的显色剂发生反应，从而产生明显的颜色变化（浅黄色变成棕黑色）。检气管显色长度的平方与硫化氢质量浓度及采样时间的乘积在 50 ~ 1 500 mg/m^3 范围内成线性关系，从而快速监测环境中硫化氢的时间加权平均质量浓度。

5. 亚甲蓝分光光度法

空气中的硫化氢可被碱性氢氧化镉悬浮液吸收，形成硫化镉沉淀。在酸性介质中，在三氯化铁作用下，硫离子与对氨基二甲基苯胺生成亚甲基蓝。亚甲基蓝的蓝色深浅与硫离子含量成比例。于波长 670 nm 处，以试剂空白为参比，测定吸光度，定量分析。

二、扩展知识：挥发性有机物（VOCs）的测定

VOCs 是指室温下饱和蒸气压超过 133. 32 Pa 的有机物。VOCs 的种类很多，在目前已确认的 900 多种室内化学物质和生物性物质中，VOCs 至少在 350 种以上，其中 20 多种为致癌物或致突变物。由于它们单独的浓度低，但种类多，故总称为 VOCs（Volatile Organic Compounds），以 TVOC 表示其总量，称为总挥发性有机物（Total Volatile Organic Compounds）。当若干种 VOCs 共同存在于室内时，其联合毒性作用是不可忽视的。常见的 VOCs 种类有烷烃/环烷烃、芳香烃、烯烃、醇、酚、醛、酮、萜烯等。

VOCs 对人的危害最常见的是对眼、鼻、咽喉部位的刺激，包括眼睛刺痛和干燥、眨眼频率增加、流泪，鼻咽部干燥、刺痛、鼻血、鼻塞，并出现咳嗽、声音沙哑和嗅觉改变等，皮肤干燥、瘙痒、刺痛、红斑等，严重时会致使神经机能失调、痴呆，还会导致过敏性肺炎。我国对这类污染物有着严格的限制，《室内空气质量标准》（GB/T 18883—2002）规定，总挥发性有机物（TVOC）小于 0. 60 mg/m^3。

室内环境中的 VOCs 主要是由建筑材料、清洁剂、油漆、含水涂料、黏合剂、化妆品和洗涤剂等释放出来的。此外，吸烟和烹饪过程中也会产生。

VOCs 的测定方法有气相色谱法和气相色谱 – 质谱联用法。

热解吸气相色谱法介绍如下：

1. 方法原理

选择合适的吸附剂，用吸附管采集一定体积的空气样品，空气流中的挥发性有机化合物保留在吸附管中。采样后，将吸附管加热，解吸挥发性有机化合物，待测样品随惰性载气进入毛细管气相色谱仪。以保留时间定性，根据峰高或峰面积进行定量分析。测定流程如图 6—1 所示。

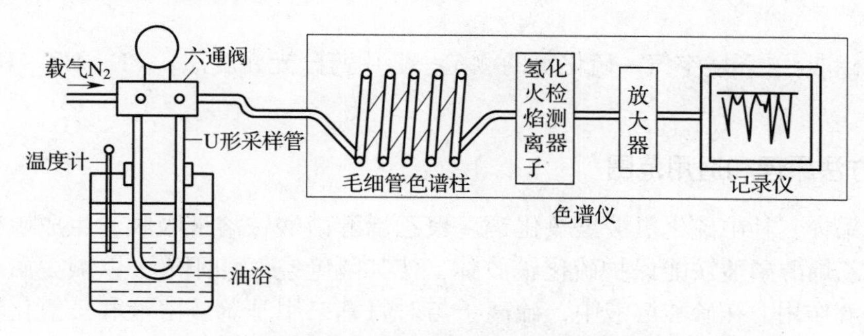

图 6—1 热解吸进样气相色谱法测定 VOCs 流程

2. 方法测定范围

本方法适用于浓度范围为 0.5 ~ 100 μg/m³ 的空气中 VOCs 的测定。

3. 测定要点

（1）标准曲线的绘制。以色谱纯的甲醛、苯、甲苯、对（间）二甲苯、邻二甲苯、苯乙烯、乙苯、乙酸丁酯、十一烷等为标准品，配制标准溶液，并稀释成标准溶液系列。

通过热解吸和气相色谱分析每个标准溶液，记录峰面积，并以峰面积的对数为横坐标，以对应组分浓度为纵坐标，绘制标准曲线图。

（2）样品采集与测定。将吸附管与采样器入口垂直连接，以一定的速度抽取一定体积的欲测室内空气样品和室外空气空白样品。两种样品同时采样，并用与标准样品相同的测定方法测定。以保留时间定性，记录峰面积并从标准曲线上查得样品中各组分的含量。室外空白样品在上风向外采集；测定中对于其余未识别峰可以甲苯计。

（3）结果计算

$$C_i = \frac{m_i - m_0}{V_0} \tag{6—1}$$

式中 C_i——空气样品中 i 组分的含量，mg/m³；

m_i——被测样品中 i 组分的含量，μg；

m_0——室外空气空白样品中 i 组分的含量，μg；

V_0——标准状态下的采样体积，L。

标准状态下空气样品中总挥发性有机物（TVOC）的含量：

$$\mathrm{TVOC} = \sum_{i=1}^{n} C_i$$

在测定中，当干扰组分与挥发性有机化合物具有相同或几乎相同的保留时间时，宜通过选择适当的气相色谱柱，或通过更严格地选择吸收管和调节分析系统条件，将干扰减至最小。

三、实训过程：环境空气　硫化氢的测定

依据标准：《环境空气—硫化氢的测定—亚甲蓝分光光度法》（F－HZ－HJ－DQ－0147）。

1．方法原理和适用范围

空气采样，其中硫化氢被氢氧化镉－聚乙烯醇磷酸铵溶液吸收，生成硫化镉胶状沉淀。聚乙烯醇磷酸铵能保护硫化镉胶体，使其隔绝空气和阳光，以减少硫化物的氧化和光分解作用。在硫酸溶液中，硫离子与对氨基二甲基苯胺溶液和三氯化铁溶液作用，生成亚甲基蓝，根据颜色深浅，在波长665 nm处用分光光度法测定。

2．仪器

（1）气泡吸收管。普通型，有10 mL刻度线，并配有黑色避光套。

（2）空气采样器。流量范围0.2～2 L/min，流量稳定。使用时，用皂膜流量计校准采样系列在采样前和采样后的流量，流量误差应小于5%。

（3）具塞比色管。10 mL。

（4）分光光度计。用20 mm比色皿，在波长665 nm处，测定吸光度。

3．试剂

（1）吸收液。称量4.3 g硫酸镉（$3CdSO_4 \cdot 8H_2O$）和0.3 g氢氧化钠以及10 g聚乙烯醇磷酸铵分别溶于水中。临用时，将3种溶液相混合，强烈振摇至完全混匀，再用水稀释至1 L。此溶液为白色悬浮液，每次用时要强烈振摇均匀再量取。储于冰箱中可保存1周。

（2）对氨基二甲基苯胺溶液。量取50 mL硫酸，缓慢加入30 mL水中，放冷后，称量12 g对氨基二甲基苯胺盐酸盐［又称对氨基－N，N－二甲基苯胺二盐酸盐，$(CH_3)_2NC_6H_4 \cdot NH_2 \cdot 2HCl$］，溶于硫酸溶液中。置于冰箱中，可保存1年。临用时，量取2.5 mL此溶液，用硫酸溶液（1＋1）稀释至100 mL。

（3）三氯化铁溶液。称量100 g三氯化铁（$FeCl_3 \cdot 6H_2O$）溶于水中，稀释至100 mL。若有沉淀，需要过滤后使用。

（4）混合显色液。临用时，按1 mL对氨基二甲基苯胺稀释溶液和1滴（0.04 mL）三氯化铁溶液的比例相混合。此混合液要现用现配，若出现有沉淀物生成，应弃之不用。

（5）磷酸氢二铵溶液。称量40 g磷酸氢二铵〔$(NH_4)_2HPO_4$〕溶于水中，并稀释至100 mL。

（6）重铬酸钾基准溶液，$c(1/6K_2Cr_2O_7)=0.1000$ mol/L。准确称量于120℃干燥至恒重的基准重铬酸钾4.903 g，溶于纯水中，移入1 000 mL容量瓶，并用纯水稀释至刻度，摇匀。

（7）5 g/L淀粉溶液。称量0.5 g可溶性淀粉，加5 mL水调成糊状后，再加入100 mL沸水中，并煮沸2～3 min，至溶液透明，冷却。临用现配。

（8）硫代硫酸钠标准溶液，$c(Na_2S_2O_3)=0.1$ mol/L。称量25 g硫代硫酸钠（$Na_2S_2O_3 \cdot 5H_2O$）溶于新煮沸冷却后的水中，加入0.2 g无水碳酸钠，并用水稀释至1 L，储于棕色瓶中，如混浊要过滤。放置1周后，按下述方法标定浓度。

准确量取25.00 mL 0.100 0 mol/L重铬酸钾基准溶液（$1/6K_2Cr_2O_7$）于500 mL碘量瓶中，加2.0 g碘化钾和20 mL硫酸溶液（200 g/L），密塞，摇匀，于暗处放置10 min。加150 mL纯水，用待标定的硫代硫酸钠溶液滴定。近终点时加入3 mL淀粉指示液（5 g/L），继续滴定至蓝色变为亮绿色，同时做空白实验。记录基准溶液和空白实验所用硫代硫酸钠溶液的体积。基准溶液和空白实验各重复两次，平行滴定所用硫代硫酸钠溶液体积相差不得大于0.2%。

硫代硫酸钠浓度计算：

$$c(Na_2S_2O_3)=\frac{c(1/6K_2Cr_2O_7)\times V}{V_1-V_2} \tag{6—2}$$

式中　$c(Na_2S_2O_3)$——硫代硫酸钠标准滴定溶液的物质的量浓度，mol/L；

$c(1/6K_2Cr_2O_7)$——重铬酸钾基准溶液的量浓度，mol/L；

V——重铬酸钾基准溶液的用量，mL；

V_1——硫代硫酸钠标准滴定溶液的用量，mL；

V_2——空白实验硫代硫酸钠标准滴定溶液的用量，mL。

（9）0.010 0 mol/L硫代硫酸钠标准溶液。准确吸量100 mL 0.100 0 mol/L硫代硫酸钠标准溶液，用新煮沸冷却后的水稀释至1 L。

（10）碘溶液，$c(1/2I_2)=0.1$ mol/L。称量40 g碘化钾，溶于25 mL水中，再称量12.7 g碘，溶于碘化钾溶液中，并用水稀释至1 L，移入棕色瓶中，暗处储存。

（11）0.01 mol/L碘溶液。准确吸量100 mL 0.10 mol/L碘溶液于1 L棕色容量瓶中，另称量18 g碘化钾溶于少量水后，移入容量瓶中，用水稀释至刻度。

（12）盐酸溶液（1+1）。50 mL盐酸与50 mL水相混合。

（13）标准溶液。取硫化钠晶体（$Na_2S \cdot 9H_2O$），用少量水清洗表面，用滤纸吸干。称量0.71 g硫化钠晶体，溶于新煮沸冷却的水中，再稀释至1 L。用下述的碘量法标定浓度。标定后，立即用新煮沸冷却水稀释成1.00 mL含5 μg的硫化氢标准溶液。由于硫化钠在水溶液中极不稳定，稀释后应立即做标准曲线，标准溶液必须每次新配，现标定，现使用。

标定方法：准确吸量20.00 mL 0.01 mol/L碘的标准溶液于250 mL碘量瓶中。加90 mL水，加1 mL盐酸溶液（1+1）。准确加入10.00 mL硫化钠溶液，混匀，放在暗处3 min。再用0.010 0 mol/L硫代硫酸钠标准溶液滴定至浅黄色，加1 mL新配制的5 g/L淀粉溶液呈蓝色，用少量水冲洗瓶的内壁，再继续滴定至蓝色刚刚消失（由于有硫生成，使溶液呈微混浊色。此时，要特别注意滴定终点颜色突变）。记录所用硫代硫酸钠标准溶液的体积。同时另取 10 mL 水做空白滴定，其滴定步骤完全相同，记录空白滴定所用硫代硫酸钠标准溶液的体积。样品滴定和空白滴定各重复做两次，两次滴定所用硫代硫酸钠标准溶液的体积误差不超过 0.05 mL，硫化氢浓度用下式计算：

$$c = \frac{V_2 - V_1}{10} \times N \times 17 \tag{6—3}$$

式中 c——硫化氢的浓度，mg/mL；

V_2——空白滴定所用硫代硫酸钠的体积，mL；

V_1——样品滴定所用硫代硫酸钠的体积，mL；

N——硫代硫酸钠标准溶液的浓度，mol/L；

17——$1/2H_2S$ 的摩尔质量，g/mol。

4. 采样

用一个内装 10 mL 吸收液的普通型气泡吸收管，以 1～1.5 L/min 流量，避光采气 30 L。根据现场硫化氢浓度，选择采样流量，使最大采样时间不超过 1 h。采样后的样品也应置于暗处，并在 6 h 内显色；或在现场加显色液，带回实验室，在当天内比色测定。记录采样时的温度和大气压力。

5. 分析步骤

（1）绘制标准曲线。用标准溶液绘制标准曲线。按表 6—1 制备标准色列管，先加吸收液，后加标准液，立即倒转混匀。

表 6—1　　硫化氢标准系列

管号	0	1	2	3	4	5
吸收液（mL）	10.0	9.9	9.0	9.8	9.4	9.2
标准液（mL）	0	0.10	0.20	0.40	0.6	0.8
硫化氢含量（μg）	0	0.5	1	2	3	4

各管立即加 1 mL 混合显色液，加盖倒转一次，缓缓混合均匀，放置 30 min。加 1 滴磷酸氢二钠溶液，摇匀，以排除 Fe^{3+} 的颜色。用 20 mm 比色皿，以水作参比，在波长 665 nm 处，测定各管吸光度。以硫化氢含量（μg）为横坐标，吸光度为纵坐标，绘制标准曲线，并计算回归线的斜率。以斜率倒数作为样品测定的计算因子 B_s（μg/吸光度）。

（2）样品测定。采样后，用水补充到采样前的吸收液的体积。由于样品溶液不稳定，应在 6 h 内，按用标准溶液绘制标准曲线的操作步骤显色，测定吸光度。

在每批样品测定的同时，用 10 mL 未采样的吸收液，按相同的操作步骤作试剂空白测定。

如果样品溶液吸光度超过标准曲线的范围，则可取部分样品溶液用吸收液稀释后再分析，计算浓度时，要乘以样品溶液的稀释倍数。

6. 数据计算

空气中硫化氢浓度用下式计算：

$$c = \frac{(A - A_0)B_s}{V_0} \times D \qquad (6—4)$$

式中　c——空气中硫化氢浓度，mg/m³；

A——样品溶液的吸光度；

A_0——试剂空白溶液的吸光度；

B_s——用标准溶液绘制标准曲线得到的计算因子，μg/吸光度；

D——分析时样品溶液的稀释倍数；

V_0——换算成标准状况下的采样体积，L。

7. 思考与分析

（1）使用硫化钠晶体应注意哪些问题？

（2）环境空气中硫化氢含量高的地方有哪些？

（3）测定结果与环境空气质量标准相比如何？

实训项目七 环境空气硫酸盐化速率的测定

一、硫酸盐化速率测定概述

大气中的含硫污染物二氧化硫、硫化氢、硫酸等经过一系列的氧化演变过程会生成对人类更为有害的硫酸雾和硫酸盐雾，大气中硫化物的这种演变过程称为硫酸盐化速率。

硫酸盐化速率能客观反映大气中含硫污染物（主要是二氧化硫）的污染状况，因此它成为环境大气监测的必测项目之一。常用的主要检测方法为碱片重量法、二氧化铅法或碱片－离子色谱法。

1. 碱片重量法

方法原理：碳酸钾溶液浸渍过的玻璃纤维滤膜暴露于空气中，与二氧化硫、硫酸雾等发生反应，生成硫酸盐。测定生成的硫酸盐含量，计算硫酸盐化速率。其结果以每日在100 cm^2碱片上所含三氧化硫毫克数表述。反应式如下：

$$2K_2CO_3 + 2SO_2 + O_2 \rightarrow 2K_2SO_4 + 2CO_2$$

2. 二氧化铅法

方法原理：大气中的SO_2、硫酸雾、H_2S等与二氧化铅反应生成硫酸铅，用碳酸钠溶液处理，使硫酸铅转化为碳酸铅，释放出硫酸根离子，再加入$BaCl_2$溶液，生成$BaSO_4$沉淀，用重量法测定，结果以每日在100 cm^2二氧化铅面积上所含SO_3的毫克数表示。

3. 碱片－离子色谱法

方法原理：大气中含硫污染物与碱片接触转化成硫酸盐，用离子色谱法测定从碱片上浸提出来的硫酸根含量，计算硫酸盐化速率。

二、扩展知识：离子色谱法

离子色谱法是利用色谱技术测定离子态物质的方法。

1. 三种分离机理

（1）高效离子交换色谱法（HPIC）：分离是基于发生在流动相和键合在基质上的离子交换基团之间的离子交换过程，也包括部分非离子的相互作用。这种分离方式可

用于有机和无机阴离子和阳离子的分离。

（2）高效离子排斥色谱（HPICE）：分离是基于固定相和被分析物之间三种不同的作用排斥、空间排斥和吸附作用。这种分离方式主要用于弱的有机和无机酸的分离。

（3）流动相离子色谱法（MPIC）：分离是基于被分析物在分析柱上的吸附作用。分析柱的选择性主要取决于可动相的组成和浓度。流动相除了加入有机改进剂之外，还需加入离子对试剂。这种分离方式可用于表面活性阴离子和阳离子以及过渡金属络合物的分离。

2. 离子色谱的优点

（1）速度。一般 10 min 即可分别完成阴、阳离子的剖面。

（2）灵敏度。直接进样可达 ppb 级，用浓缩柱可达 ppt 级；限制的因素是对普遍存在离子如 Cl^- 和 Na^+ 的高灵敏度，由此而存在的污染。

（3）选择性。已有多种成熟的固定相，以及选择性的检测器。

（4）多组分同时测定，但对样品成分之间的浓度差太大的样品（如半导体级化学试剂中杂质的测定）有一定的限制。

（5）运行费用非常低，不需特殊试剂。

（6）柱填料具有高的 pH 稳定性和有机溶剂可匹配性及高的柱容量。

3. 分离模式

（1）离子交换。离子交换是用于分离阴离子和阳离子常见的典型分离方式。在色谱分离过程，样品中的离子与流动相中对应离子进行交换，在较短的时间内，样品离子会附着在固定相中的固定电荷上。由于样品离子对固定相亲和力的不同，使得样品中多种组分的分离成为可能。

（2）离子排阻色谱法（ICE）。这种分离模式包括 Donnan 排斥（电解质向离子交换树脂渗透时被排斥）、空间排斥和吸附过程。固定相通常是由总体磺化的聚乙烯/二乙烯基苯共聚物形成的高容量阳离子交换树脂。ICE 可以用于从完全离解的强酸中分离有机弱酸和硼酸盐的测定。

（3）反相色谱法。反相色谱法应用中性、非极性大孔的填充材料和极性流动相。分离基于被分析物质与固定相之间的相互作用，换句话说，也就是样品的疏水性。

（4）离子对。在流动相中加入一种与被分析物相反电荷的疏水性离子，与样品离子形成离子对。这种方法适用于分离金属络合物和表面活性阳离子/阴离子。

（5）离子抑制。用于反相色谱法的一种技术。加入一种特殊离子改变溶液的 pH 值，抑制化合物如羧酸或胺类化合物的解离。得到的中性化合物与固定相相互作用，化合物得以分离。

4. 检测方法

（1）电化学检测

1）电导检测法。电导率是在阴极和阳极之间的离子化溶液传导电流的能力。溶液中的离子越多，在两电极间通过的电流越大。在低浓度时，电导率直接与溶液中导电物质的浓度成正比。

2）安培检测。安培检测用于测定在一个施加电位下能够进行电化学反应的电活性物质。在单电位安培法中，一个固定电位连续施加到电化学检测池上，测量样品物质在工作电极表面的氧化或还原作用所产生的电流。产生电流的大小与进行电化学反应的被测物浓度成正比。

（2）分光光度检测法

1）吸收法。光度检测法是基于某些分子对光的吸收。被吸收的能量激发外层价电子由基态到较高的能级态。吸收能量的波长取决于分子内的化学键。当样品中的分子吸收部分紫外或可见光时，检测器检测光线的强度减小。光强度的减小与样品中吸收光的分子的浓度成正比。

2）发射光度法。关于痕量分析，有一些检测器可以检测柱流出物中皮克（pg）和飞克（fg）水平。普通的吸光度检测器可以在皮克范围测定具有很强生色基团的物质，但是测定经常受样品基体的干扰。荧光检测具有较高选择性和灵敏度。不是所有能吸收光的化合物都产生荧光，因此有高的选择性。灵敏度的增加是由于较弱的荧光容易在非常低的背景条件下检测到。

自身具有荧光性质的化合物大多数含有一个环状的结构功能基。如果化合物不具备这样的功能基，可以将化合物或分子进行柱前或柱后衍生转变为具有荧光的化合物。

三、实训过程：环境空气　硫酸盐化速率的测定

依据标准：《环境空气　硫酸盐化速率的测定　碱片重量法》（F－HZ－HJ－DQ－0145）。

1. 方法原理

用碳酸钾溶液浸润过的玻璃纤维滤纸，暴露于空气中，与气态含硫化合物（如二氧化硫）发生反应，生成的硫酸盐，用重量法测定。

方法检验出限为 0.05 mg SO_3/[100 cm^2（碱片）·天]。

2. 仪器

（1）塑料皿：内径 72 mm，高 10 mm（可采用普通玻璃罐头瓶塑料盖）。

（2）塑料垫圈：厚 1～2 mm，内径 50 mm，外径 72 mm，能与塑料皿紧密配合。

（3）塑料皿支架：将两块 120 mm×120 mm 聚氯乙烯塑料板成 90°角焊接，下面再焊接一个高 30 mm、内径为 78～80 mm 的聚氯乙烯短管，短管上钻三个螺栓眼，互成 120°，各眼距塑料板面 15 mm。使用时，将塑料皿倒装在支架的聚氯乙烯短管内，用三个铜螺栓固定塑料皿。

（4）玻璃纤维滤膜。

（5）玻璃砂芯坩埚 G4 型。

（6）分析天平：感量 0.1 mg。

3. 试剂

（1）30%（m/V）（300 g/L）碳酸钾溶液：称量75 g无水碳酸钾，溶于水中，加入7 mL甘油，再用水稀释至250 mL，储于具橡皮塞的试剂瓶中。

（2）盐酸溶液，$c(HCl)=0.4$ mol/L：量取浓盐酸33 mL，用水稀释至1 000 mL。

（3）10%（m/V）（100 g/L）氯化钡溶液。

（4）1.0%（m/V）（10 g/L）硝酸银溶液。

（5）EDTA－氨溶液（乙二胺四乙酸二钠－氨溶液）：称量7 g Na_2－EDTA（乙二胺四乙酸二钠盐），溶于水中，加入5.0 mL氨水，再加水稀释至1 000 mL。

（6）盐酸溶液（1+4）。

4. 采样

（1）碱片的制备。将玻璃纤维滤膜剪成直径为7.0 cm的圆片，毛面向上，平放在150 mL烧杯口上，用刻度吸管均匀滴加30%（300 g/L）碳酸钾溶液1 mL于圆片滤纸上，使溶液在滤膜上扩散直径为5 cm。然后，置于60℃烘干，储于干燥器内备用。制备碱片时，滴加300 g/L碳酸钾溶液在圆片滤纸上，必须扩散浸渍均匀，不得出现空白。

（2）放样。将碱片毛面向外放入塑料皿采样夹中，用塑料垫圈压好边缘，装入塑料袋中携至采样现场，使滤膜面向下固定在塑料皿支架上。采样高度为5～10 m的欲测地点暴露采样，如放在屋顶上，应距屋顶1～1.5 m，放置时间为（30±2）天。采样后，收回采样夹装入原袋中，送回实验室分析。放样和收样时，记录和核对放样地点、滤膜编号及时间（月、日、时）。

5. 分析步骤

（1）沿塑料垫圈内缘，用锋利的小刀刻下直径为5.0 cm的样品膜，置于150 mL烧杯中，斜靠在玻璃棒上，盖上表面皿，小心地从烧杯嘴处滴加0.4 mol/L盐酸溶液约20 mL。待二氧化碳完全逸出后，将碱片捣碎，加热至近沸2～3 min。

（2）用少量水冲洗表面皿，用中速定量滤纸将样品溶液滤入150 mL烧杯中，过滤时只倾出上层清液，尽量不让碎碱片进入漏斗。用温水以倾注法洗涤碱片残渣数次。收集滤液和洗涤液共60～100 mL。

（3）将滤液加热（不得沸腾）浓缩至40 mL（采暖期二氧化硫浓度高时，体积可为60～80 mL）。

（4）在加热条件下，搅拌并逐滴加入10%氯化钡溶液1 mL（18～20滴），开始时要快搅慢滴，以获得颗粒粗大的硫酸钡沉淀。待硫酸钡沉淀后，在上层清液中加1～2滴氯化钡溶液，检查沉淀是否完全。加热沉淀30 min，搅拌数次，冷却，放置2 h（或过夜）后过滤。

（5）将硫酸钡沉淀滤入（全部移入）已恒重的G4玻璃砂芯坩埚中，抽气过滤，用温水洗涤并将沉淀转入坩埚，最后用温水洗涤坩埚中的沉淀直至滤液中不含离子为止（用10%硝酸银溶液检查，直至滤液滴加10 g/L硝酸银溶液不发生浑浊为止）。洗涤液总体积控制在 60 ~ 80 mL，避免沉淀溶解损失。

（6）将有沉淀物的坩埚置于 105 ~ 110℃烘箱内烘 1.5 h 后，取出放入干燥器内冷却 40 min，在分析天平上称量。再次烘烤，称量直至质量恒定，两次称重相差不应超过 0.4 mg。带沉淀物的坩埚称量结果减去空坩埚称量结果即为硫酸钡质量。

在每批样品测定的同时，取未采样的滤纸碱片 2 ~ 3 片，按相同操作步骤，做试剂空白测定。

6. 数据计算

$$c = (m_2 - m_1) \times \frac{0.343 \times 100}{Sn}$$

式中 c——空气中硫酸盐化速率，mg（SO_3）/〔100 cm^2（碱片）·天〕；

m_2——样品碱片中测得的硫酸钡质量，mg；

m_1——空白碱片中测得的硫酸钡质量，mg；

S——碱片面积，$3.14 \times (2.5)^2$，cm^2；

n——碱片在空气中放置日数，准确至 2.4 h（0.1 天）；

0.343——三氧化硫与硫酸钡分子量比值。

7. 注意事项

（1）制备碱片时，滴加碳酸钾溶液应保证滤膜浸渍均匀，不得出现空白。

（2）坩埚恒重时各次称量、冷却时间及坩埚排列顺序要保持一致，避免因条件不一致造成误差。

（3）用过的玻璃砂芯坩埚应及时用水冲出其中的沉淀，用温热的 EDTA - 氨溶液浸洗后，再用盐酸溶液（1 +4），用水抽滤，仔细洗净，烘干备用。

（4）采样支架及设备，在保证基本尺寸符合要求的条件下，固定塑料皿的方法可根据具体情况自行设计和加工。

8. 思考与分析（填空）

（1）将碱片毛面________放入塑料皿，用塑料垫圈压好________，装在塑料袋中携至采样现场，使滤膜面________固定在塑料皿支架上。

（2）采样高度为________，如放在屋顶上，应距离屋顶________。

（3）沿塑料垫圈内缘，用锋利小刀记刻下直径为________的样品膜，置于 150 mL 烧杯中，斜靠在玻璃棒上，盖上表面皿，小心地从烧杯嘴处滴加________约 20 mL。待二氧化碳完全逸出后，将________捣碎，加热至近沸________。

（4）碱片捣碎加热后，用少量水冲洗表面皿，用中速定量滤纸将样品溶液滤入________中，过滤时只倾出________，尽量不让________进入漏斗。

第二篇　空气颗粒污染物监测

实训项目八　空气总悬浮颗粒物（TSP）的测定

一、总悬浮颗粒物测定概述

总悬浮颗粒物是指空气中动力学直径（D_a）≤100 μm 的颗粒物，是评价空气质量的一项重要指标。采用重量法测定。

1. 方法原理

通过具有一定切割器（采样器中具有将不同粒径粒子分离功能的装置）特性的采样器，以恒速抽取定量体积的空气，空气中粒径小于 100 μm 的悬浮颗粒物，被截留在已恒重的滤膜上。根据采样前、后滤膜重量之差及采样体积，计算总悬浮颗粒物的质量浓度。滤膜处理后，可进行组分分析。

2. 适用范围

方法适用于大流量或中流量总悬浮颗粒物采样器（简称采样器）进行空气中悬浮颗粒物的测定。总悬浮颗粒物含量过高或雾天采样时滤膜阻力大于 100 kPa 时，方法不适用。

用超细玻璃纤维滤膜采样，在测定 TSP 的质量浓度后，样品滤膜可用于测定无机盐（如硫酸盐、硝酸盐及氯化物等）和有机物［如苯并（a）芘］。若要测定金属元素（如铍、铬、锰、铁、铜、锌、硒、镉、锑和铅等），则用聚氯乙烯等有机滤膜。

3. 测定要点

（1）滤膜准备。在选定的滤膜光滑表面的两个对角上打印编号。将滤膜放入恒温恒湿箱内平衡 24 h，平衡温度取 15～30℃，记录平衡温度和湿度。在平衡条件下称量平衡后的滤膜，大流量采样器称量精确至 1 mg，中流量采样器称量精确至 0.1 mg。将滤膜放入滤膜夹。

（2）采样。安装采样头顶盖，校准流量，设置采样时间，进行采样。

（3）测定。采样结束后，在恒温恒湿箱内，与采样前滤膜相同的平衡条件下平衡 24 h，称量测定。

4. 结果计算

$$\text{总悬浮颗粒物含量}（\mu g/m^3）=\frac{K(W_1-W_0)}{Q_N t} \quad (8—1)$$

式中　K——常数，大流量采样器 $K=1\times10^6$，中流量采样器 $K=1\times10^9$；

W_1——尘膜重量，g；

W_0——空白滤膜重量，g；

t——累积采样时间，min；

Q_N——采样器标准状态下平均抽气流量（大流量采样器：m^3/min，中流量采样器：L/min）。

二、扩展知识：颗粒污染物采样知识

1. 采样方法

空气中颗粒物质的采样方法主要有自然沉降法和滤料法。自然沉降法主要用于采集颗粒物粒径大于30 μm的尘粒；滤料法常用来采集总悬浮颗粒物和可吸入颗粒物，有时也用来采集不同粒径的颗粒物，用于测定颗粒物的粒度分布。采集总悬浮颗粒物的采样器按其采气流量大小分为大流量和中流量两种类型，如图8—1所示。

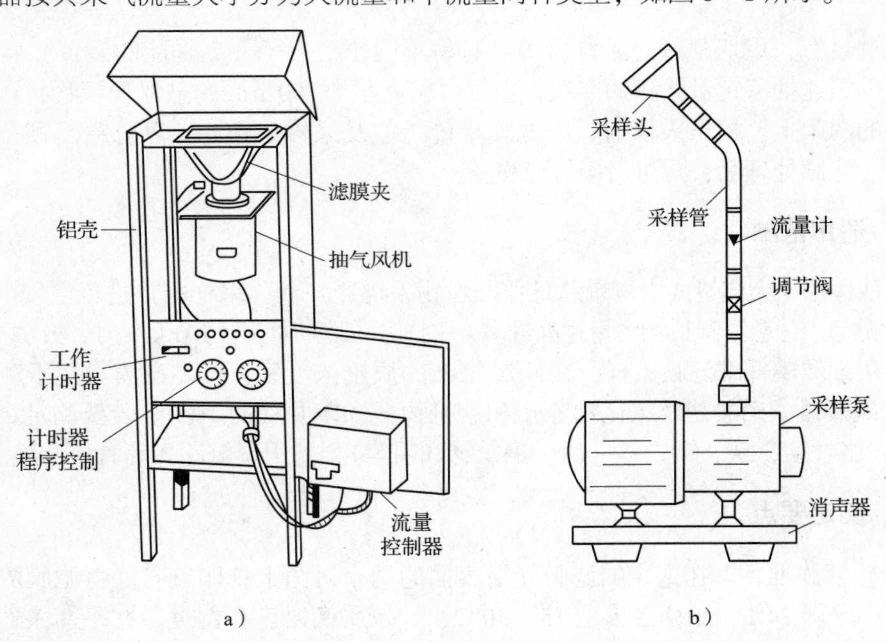

图8—1 TSP采样器结构示意
a）大流量采样器 b）中流量采样器

2. 采样器

采集可吸入颗粒物的采样器装有分离大于10 μm颗粒物的装置，称为分尘器或切割器。切割器有旋风式、向心式、多层薄板式、撞击式等种类，分别如图8—2 ~ 图8—5所示，利用离心和惯性作用将不同粒径的颗粒物分开采集。

3. 常用滤纸

常用的滤料有定量滤纸、玻璃纤维滤膜、过氯乙烯纤维滤膜、微孔滤膜和浸渍试剂滤纸（膜）等。根据采集样品的性质不同，选用不同材质的滤纸或滤膜。

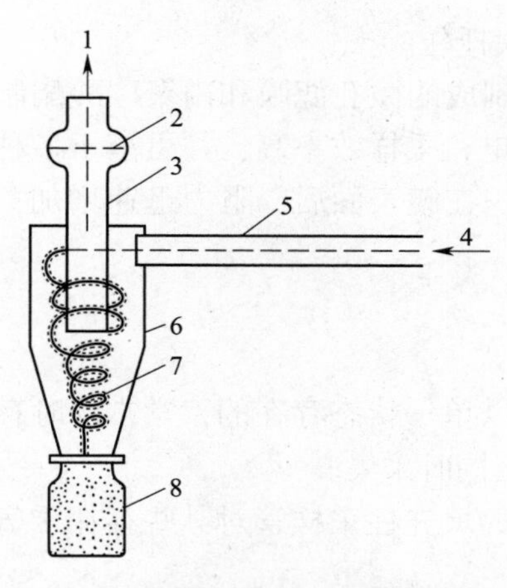

图 8—2　旋风式分尘器原理示意
1—空气出口　2—滤膜　3—气体排出管
4—空气入口　5—气体导管　6—圆筒体
7—旋转气流轨线　8—大颗粒收集器

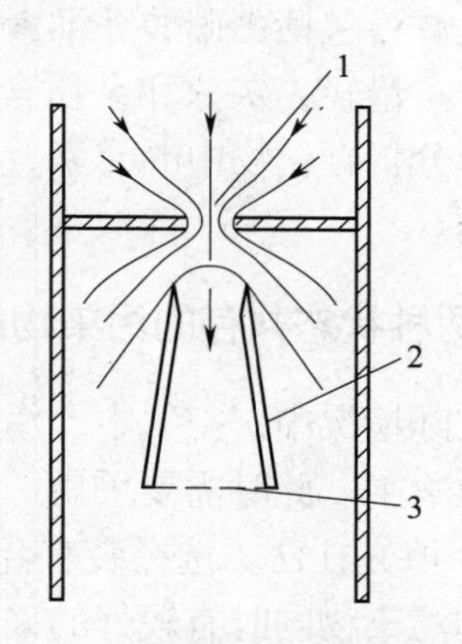

图 8—3　向心式分尘器原理示意
1—空气喷孔　2—收集器　3—滤膜

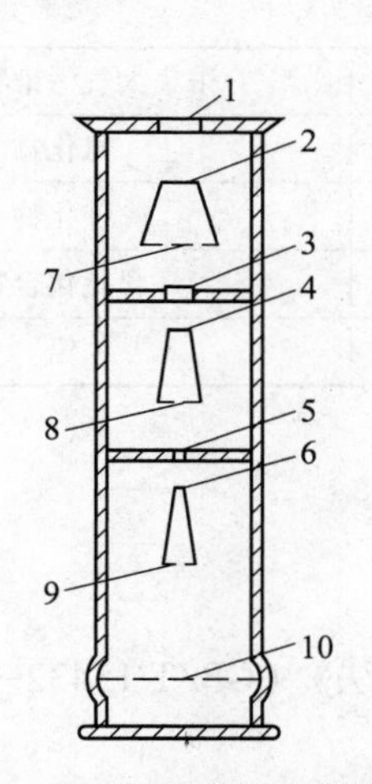

图 8—4　三级向心式分尘器原理示意
1、3、5—气流喷孔　2、4、6—锥形收集器
7、8、9、10—滤膜

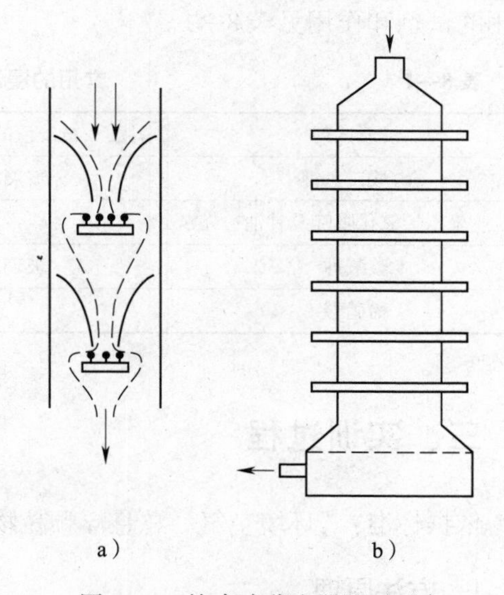

图 8—5　撞击式分尘器原理示意
a）撞击捕集原理
b）六级撞击式采样器

定量滤纸价格便宜，灰分低，纯度高，机械强度大，采集一些金属尘粒效果比较好，因为易于消解处理，空白值低。但由于吸水性较强，不宜用作重量法测定悬浮颗粒物。

玻璃纤维滤膜强度差，但耐高温，阻力小，不易吸水，常用来采集总悬浮颗粒物和可吸入颗粒物。样品可以用酸和有机溶剂提取，用于分析颗粒物中其他污染物。但由于玻璃纤维原料含有杂质，致使某些元素的本底含量较高，限制了它的使用。

过氯乙烯纤维滤膜不易吸水，阻力小，由于带静电，采样效率高，广泛用于悬浮颗粒物采样。由于滤膜易溶于乙酸丁酯等有机溶剂，且空白值低，可用于颗粒物中元素的分析，但因其强度差，需用带网筛的采样夹托住。

微孔滤膜包括由硝酸纤维素或乙酸纤维素制成的微孔滤膜和由聚碳酸酯制成的直孔滤膜。重量轻，灰分和杂质含量极低，带静电，采样效率高，并可溶于多种有机溶剂，便于分析颗粒物中的元素。由于颗粒物沉积在膜表面后，阻力迅速增加，采样量受到限制。

4. 两种状态共存的污染物的采样方法

在实际情况中，空气中的污染物大多不是以单一状态存在的，常常同时存在于气态和颗粒物中。此时需要采用一些办法，将两者同时采集。

（1）填充柱法。选择装有合适固体填充剂的填充柱采样管对某些存在于气态和颗粒物中的污染物同时有较好的采样效率。

（2）联合采样法。用滤膜采样器后接液体吸收管，可实现同时采样。

（3）浸渍试剂滤料法。所谓浸渍试剂滤料法，是将某种化学试剂浸渍在滤纸或滤膜上。这种滤纸适宜采集气态与气溶胶共存的污染物。采样中，气态与气溶胶共存的污染物与滤纸上的试剂迅速反应，从而被固定在滤纸上，被采集。浸渍试剂使用广泛，常用的试剂和作用见表 8—1。

表 8—1　　常用的浸渍试剂及作用

浸渍试剂	被浸渍的滤纸或滤膜	采集大气污染物种类
磷酸二氢钾	玻璃纤维滤膜	氟化物
聚乙烯氧化吡啶及甘油	滤纸	砷化物
碳酸钾	玻璃纤维滤膜	含硫化合物
稀硝酸	滤纸	铅

三、实训过程

依据标准：《环境空气　总悬浮颗粒物的测定　重量法》（GB/T 15432—1995）。

1. 方法原理

以恒速抽取定量体积的空气，使之通过采样器中已恒重的滤膜，则空气中粒径小于 100 μm 的悬浮颗粒物，被截留在滤膜上。根据采样前、后滤膜重量之差及采样体积，计算总悬浮颗粒物的浓度。

2. 仪器

（1）中流量采样器。

（2）中流量孔口流量计：量程 70 ~ 160 L/min。

（3）大气压力计。

（4）分析天平。

（5）恒温恒湿箱。

（6）玻璃纤维滤膜。

（7）镊子、滤膜袋（或盒）。

（8）温度计。

3. 分析步骤

（1）用孔口流量计校正采样器的流量。

（2）滤膜准备：每张滤膜使用前均需认真检查，不得使用有针孔或有任何缺陷的滤膜。采样滤膜在称量前需在恒温恒湿箱平衡 24 h，平衡温度取 15 ~ 30℃，并在此平衡条件下迅速称量，精确到 0. 1 mg，记下滤膜重量 W_0。称好后的滤膜平展放在滤膜保存袋（或盒）内。

（3）采样：打开采样头顶盖，取下滤膜夹，将称量过的滤膜绒面向上，平放在支持网上，放上滤膜夹，再安好采样头顶盖，开始采样，并记下采样时间、采样时的温度 t(K)、大气压力 P(kPa) 和现场采样流量 Q(L/min)。样品采好后，取下采样头，用镊子轻轻取出滤膜，绒面向里对折，放入滤膜保存袋（或盒）内，若发现滤膜有损坏，需重新采样。

（4）称量和计算：将采样后的滤膜放在恒温恒湿箱中，在与空白滤膜相同的平衡条件下平衡 24 h 后，用电子天平称量，精确到 0. 1 mg，记下采样后的滤膜重量 W_1。有关数据记录如下：

采样时间（min）	滤膜重量（g）			TSP 浓度（μg/m³）
	采样前（W_0）	采样后（W_1）	样品重量（$W_1 - W_0$）	

$$\mathrm{TSP}(\mu g/m^3) = \frac{(W_1 - W_0) \times 10^9}{Qt} \qquad (8—2)$$

式中　W_1——采样后的滤膜重量，g；

W_0——空白滤膜的重量，g；

Q——采样器平均采样流量，L/min；

t——采样时间，min。

4. 思考与分析

（1）简述采样注意事项。

（2）称量不带衬纸的聚氯乙烯滤膜时，在取放滤膜时，为何用金属镊子触一下天平盘？

实训项目九　可吸入颗粒物（PM_{10}）的测定

一、可吸入颗粒物测定概述

一般将空气动力学当量直径≤10 μm 的颗粒物称为可吸入颗粒物，简称 PM_{10}。可吸入颗粒物能够进入人的肺泡而引起各种尘埃沉着疾病，所以，它的危害性比粒径较大的颗粒物更严重。

空气中的可吸入颗粒物测定有自动和手动两种方法，手动方法即为重量法。此方法所用的采样器按采样流量不同，可分为大流量采样器和中流量采样器两种。大流量采样器工作电流量为 1.05 m^3/min；中流量采样器工作电流量为 0.10 m^3/min。方法的检出限为 0.001 mg/m^3。

1. 方法原理

气体首先进入采样器附带的 10 μm 以上颗粒物切割器，将采样气体中粒径大于 10 μm 以上的微粒分离出去。小于这一粒径的微粒随气流经分离器的出口被阻留在已恒重的滤膜上，根据采样前、后滤膜的质量差及采样体积，计算可吸入颗粒物的浓度。

2. 测定要点

（1）采样器流量校准（用孔口流量计校准）。
（2）空白滤膜准备（同 TSP 方法）。
（3）采样。
（4）尘膜的平衡及称量（同 TSP 方法）。

3. 结果计算

$$PM_{10}(mg/m^3) = \frac{1\,000(W_1 - W_0)}{V_n} \tag{9—1}$$

式中　W_1——尘膜重量，g；
W_0——空白滤膜重量，g；
V_n——标准状态下的累积采样体积，m^3。

二、扩展知识

1. $PM_{2.5}$

$PM_{2.5}$ 指环境空气中空气动力学当量直径≤ 2.5 μm 的颗粒物，也称细颗粒物、可

入肺颗粒物。它的直径还不到人的头发丝粗细的1/20，能较长时间悬浮于空气中，其在空气中含量（浓度）越高，就代表空气污染越严重。虽然$PM_{2.5}$只是地球大气成分中含量很少的组分，但它对空气质量和能见度等有重要的影响。与较粗的大气颗粒物相比，$PM_{2.5}$粒径小，比表面积大，活性强，易附带有毒、有害物质（例如，重金属、微生物等），且在大气中的停留时间长、输送距离远，因而对人体健康和大气环境质量的影响更大。

（1）$PM_{2.5}$的来源。$PM_{2.5}$产生的主要来源是日常发电、工业生产、汽车尾气排放等过程中经过燃烧而排放的残留物，大多含有重金属等有毒物质。一般而言，粒径在2.5～10 μm的粗颗粒物主要来自道路扬尘等；2.5 μm以下的细颗粒物（$PM_{2.5}$）则主要来自化石燃料的燃烧（如机动车尾气、燃煤）、挥发性有机物等。

近年来，雾霾天气不断影响我国，对人们的身体造成很大危害，$PM_{2.5}$的监测刻不容缓。2011年1月1日，环保部发布《环境空气PM_{10}和$PM_{2.5}$的测定重量法》，首次对$PM_{2.5}$的测定进行了规范，但在环保部进行的《环境空气质量标准》修订中，$PM_{2.5}$并未被纳入强制性监测指标。

（2）$PM_{2.5}$的监测。获得准确的监测数据是开展$PM_{2.5}$研究的基础。而$PM_{2.5}$的监测比较复杂，因为它是空气中飘浮着的各种大小颗粒物中较细小的部分。所谓“细小”是指在通过检测仪器时所表现出的空气动力学特征，与直径小于或等于2.5 μm、密度为1 g/cm^{3}的球形颗粒一致。因此，测定$PM_{2.5}$时，需要利用空气动力学原理把$PM_{2.5}$与更大的颗粒物分开，而不是用孔径为2.5 μm的滤膜来分离。但归纳起来，测定$PM_{2.5}$的浓度主要是两个步骤，即首先把$PM_{2.5}$与较大的颗粒物分离，其次测定分离出来的$PM_{2.5}$的重量。

国内外分离$PM_{2.5}$的方法基本一致，均由具有特殊结构的切割器及其产生的特定空气流速达到分离效果。其基本原理：在抽气泵的作用下，空气以一定的流速流过切割器，较大的颗粒因为惯性大而被涂了油的部件截留，惯性较小的细颗粒绝大部分随着空气流通过。

1）重量法。我国目前对大气颗粒物的测定主要采用重量法。其原理是分别通过一定切割特征的采样器，以恒速抽取定量体积空气，使环境空气中的$PM_{2.5}$被截留在已知质量的滤膜上，根据采样前后滤膜的质量差和采样体积，计算出$PM_{2.5}$的浓度。必须注意的是，计量颗粒物的单位μg/m^{3}中分母的体积应该是标准状况下（0℃、101.3 kPa）的体积，对实测温度、压力下的体积均应换算成标准状况下的体积。滤膜并不能把所有的$PM_{2.5}$都收集到，一些极细小的颗粒还是能穿过滤膜。但只要滤膜对于0.3 μm以上的颗粒截留效率大于99%，就算合格。因为所损失的极细小颗粒物对$PM_{2.5}$的重量贡献很小，对分析结果影响不大。

重量法是最直接、最可靠的方法，是验证其他方法是否准确的标杆。然而重量法需要人工称重，程序比较烦琐而费时。因此，这种方法及仪器多应用于进行单点、某时间段内的采样与监测，为大气污染调查、研究提供数据。

2）β射线吸收法。β射线仪则是利用β射线衰减的原理，环境空气由采样泵吸入采样管，经过滤膜后排出，颗粒物沉淀在滤膜上，当β射线通过沉积着颗粒物的滤膜时，β射线的能量衰减，通过对衰减量的测定便可计算出颗粒物的浓度。

β 射线法颗粒物监测仪由 PM_{10} 采样头、$PM_{2.5}$ 切割器、样品动态加热系统、采样泵和仪器主机组成。流量为 1 m^3/h 的环境空气样品经过 PM_{10} 采样头和 $PM_{2.5}$ 切割器后成为符合技术要求的颗粒物样品气体。在样品动态加热系统中，样品气体的相对湿度被调整到 35%以下，样品进入仪器主机后颗粒物被收集在可以自动更换的滤膜上。在仪器中滤膜的两侧分别设置了 β 射线源和 β 射线检测器。随着样品采集的进行，在滤膜上收集的颗粒物越来越多，颗粒物质量也随之增加，此时 β 射线检测器检测到的 β 射线强度会相应地减弱。由于 β 射线检测器的输出信号能直接反应颗粒物的质量变化，仪器通过分析 β 射线检测器的颗粒物质量数值，结合相同时段内采集的样品体积，最终得出采样时段的颗粒物浓度。配置有膜动态测量系统后，仪器能准确测量在这个过程中挥发掉的颗粒物，使最终报告数据得到有效补偿，更接近于真实值。

（3）微量振荡天平法。微量振荡天平法是在质量传感器内使用一个振荡空心锥形管，在其振荡端安装可更换的滤膜，振荡频率取决于锥形管特征和其质量。当采样气流通过滤膜，其中的颗粒物沉积在滤膜上，滤膜的质量变化导致振荡频率的变化，通过振荡频率变化计算出沉积在滤膜上颗粒物的质量，再根据流量、现场环境温度和气压计算出该时段颗粒物的质量浓度。

微量振荡天平法颗粒物监测仪由 PM_{10} 采样头、$PM_{2.5}$ 切割器、滤膜动态测量系统、采样泵和仪器主机组成。流量为 1 m^3/h 环境空气样品经过 PM_{10} 采样头和 $PM_{2.5}$ 切割器后，成为符合技术要求的颗粒物样品气体。样品随后进入配置有滤膜动态测量系统（FDMS）的微量振荡天平监测仪主机。在主机中测量样品质量的微量振荡天平传感器主要部件是一端固定、另一端装有滤膜的空心锥形管，样品气流通过滤膜，颗粒物被收集在滤膜上。在工作时空心锥形管是处于往复振荡的状态，它的振荡频率会随着滤膜上收集的颗粒物的质量变化发生变化，仪器通过准确测量频率的变化得到采集到的颗粒物质量，然后根据收集这些颗粒物时采集的样品体积计算得出样品的浓度。

2. 空气污染指数

（1）空气污染指数的概念。空气污染指数（Air Pollution Index，简称 API）就是将常规监测的几种空气污染物浓度简化成为单一的概念性指数值形式，并分级表征空气污染程度和空气质量状况，适合于表示城市的短期空气质量状况和变化趋势。自 1998 年 6 月，中国在 46 个重点城市进行大气质量周报（或日报）时统一使用空气污染指数。

（2）空气污染指数与空气质量类别。空气污染指数关注的是吸入受到污染的空气以后几小时或几天内人体健康可能受到的影响。空气污染指数划分为 0 ~ 50、51 ~ 100、101 ~ 150、151 ~ 200、201 ~ 250、251 ~ 300 和大于 300 七级，对应于空气质量的七个级别，指数越大，级别越高，说明污染越严重，对人体健康的影响也越明显。

空气污染指数范围所对应的空气质量类别见表 9—1。

表 9—1　　　空气污染指数范围及相应的空气质量类别

<table>
<tr><th>空气污染指数
API</th><th>空气质量
状况</th><th>对健康的影响</th><th>建议采取的措施</th></tr>
<tr><td>0～50</td><td>优</td><td colspan="2" rowspan="2">可正常活动</td></tr>
<tr><td>51～100</td><td>良</td></tr>
<tr><td>101～150</td><td>轻微污染</td><td rowspan="2">易感人群症状有轻度加剧，健康人群出现刺激症状</td><td rowspan="2">心脏病和呼吸系统疾病患者应减少体力消耗和户外活动</td></tr>
<tr><td>151～200</td><td>轻度污染</td></tr>
<tr><td>201～250</td><td>中度污染</td><td rowspan="2">心脏病和肺病患者症状显著加剧，运动耐受力降低，健康人群中普遍出现症状</td><td rowspan="2">老年人和心脏病、肺病患者应停留在室内，并减少体力活动</td></tr>
<tr><td>251～300</td><td>中度重污染</td></tr>
<tr><td>>300</td><td>重污染</td><td>健康人运动耐受力降低，有明显强烈症状，提前出现某些疾病</td><td>老年人和病人应当留在室内，避免体力消耗，一般人群应避免户外活动</td></tr>
</table>

我国城市空气质量日报 API 分级标准见表 9—2。

表 9—2　　　空气污染指数对应的污染物浓度限值

污染指数 API	污染物浓度（mg/m^3）					
	SO_2（日均值）	NO_2（日均值）	PM_{10}（日均值）	$PM_{2.5}$（日均值）	CO（小时均值）	O_3（小时均值）
50	0.050	0.080	0.050	0.015	5	0.120
100	0.150	0.120	0.150	0.040	10	0.200
150	—	—	—	0.065	—	—
200	0.800	0.280	0.350	0.150	60	0.400
300	1.600	0.565	0.420	0.250	90	0.800
400	2.100	0.750	0.500	0.350	120	1.000
500	2.620	0.940	0.600	0.500	150	1.200

（3）空气污染指数的计算方法

1）基本计算式。设 I 为某污染物的污染指数，c 为该污染物的浓度。则：

$$I=\frac{I_{大}-I_{小}}{c_{大}-c_{小}}\times(c-c_{小})+I_{小} \qquad (9—2)$$

$c_{大}$ 与 $c_{小}$：在 API 分级限值表（表 9—2）中最贴近 c 值的两个值，$c_{大}$ 为大于 c 的限值，$c_{小}$ 为小于 c 的限值。

$I_{大}$ 与 $I_{小}$：在 API 分级限值表（表 9—2）中最贴近 I 值的两个值，$I_{大}$ 为大于 I 的值，$I_{小}$ 为小于 I 的值。

2）全市 API 的计算步骤：

①求某污染物每一测点的日均值：

$$\overline{c}_{点日均} = \sum_{i=1}^{n} c_i / n \tag{9—3}$$

式中 c_i——测点逐时污染物浓度；

n——测点的日测试次数。

②求某一污染物全市的日均值：

$$\overline{c}_{市日均} = \sum_{j=1}^{l} \overline{c}_{j点日均} / l \tag{9—4}$$

式中 l——全市监测点数。

③将各污染物的市日均值分别代入 API 基本计算式所得值，便是每项污染物的 API 分指数。

④选取 API 分指数最大值为全市 API。

3）全市主要污染物的选取。各种污染物的污染分指数都计算出以后，取最大者为该区域或城市的空气污染指数 API，则该项污染物即为该区域或城市空气中的首要污染物。

$$\mathrm{API} = \max(I_1,\ I_2 \cdots I_i \cdots I_n) \tag{9—5}$$

例如：某地区的 PM_{10} 日均值为 0.215 mg/m³，SO_2 日均值为 0.105 mg/m³，NO_2 日均值为 0.080 mg/m³，则其污染指数的计算如下：按照表 9—2，PM_{10} 实测浓度 0.215 mg/m³ 介于 0.150 mg/m³ 和 0.350 mg/m³ 之间，按照此浓度范围内污染指数与污染物的线性关系进行计算，即此处浓度限值 $c_2 = 0.150$ mg/m³，$c_3 = 0.350$ mg/m³，而相应的分指数值 $I_2 = 100$，$I_3 = 200$，则 PM_{10} 的污染分指数为：

$$I = [(200-100)/(0.350-0.150)] \times (0.215-0.150) + 100 = 132$$

这样，PM_{10} 的分指数 $I = 132$；其他污染物的分指数分别为 $I = 76$（SO_2），$I = 50$（NO_2）。取污染指数最大者报告该地区的空气污染指数：

$$\mathrm{API} = \max(132,\ 76,\ 50) = 132$$

首要污染物为可吸入颗粒物（PM_{10}），空气质量状况为轻微污染。

三、实训过程：环境空气 PM_{10} 的测定

依据标准：《环境空气 PM_{10} 和 $PM_{2.5}$ 的测定重量法》（HJ 618—2011）、《PM_{10} 采样器技术要求及检测方法》（HJ/T 93—2003）、《环境空气质量手工监测技术规范》（HJ/T 194—2005）。

1. 方法原理

空气中 PM_{10} 含量与 TSP 含量的测定类似，也采用重量法。其原理在于颗粒物通过 PM_{10} 切割器受惯性作用，较大颗粒被底部玻璃纤维滤膜捕获，小于 10 μm 的颗粒物随气流从侧边通道流出，被环形玻璃纤维滤膜捕获，根据采样前、后滤膜质量之差及采气体积计算 PM_{10} 的浓度。

2. 仪器设备

（1）PM_{10}切割器。

（2）中流量采集器。

（3）中流量孔口流量计：量程 70 ~ 160 L/min。

（4）玻璃纤维滤膜。

（5）分析天平：称量范围≥10 g，感量 0.1 mg。

（6）恒温恒湿箱。

（7）干燥器：内盛变色硅胶。

（8）镊子、滤膜袋（或盒）。

3. 测定步骤

（1）用孔口流量计校正采样器的流量。

（2）滤膜准备：将滤膜取出，放置于表面皿上在 100 ~ 105℃烘干 2 h，置于干燥器中平衡冷却至室温。并在此平衡条件下称重（精确到 0.1 mg），记下平衡温度和滤膜重量，将其平放在滤膜袋或盒内。

（3）采样：取出称过的滤膜平放在采样器采样头内的滤膜支持网上（绒面向上），用滤膜夹夹紧。以 100 L/min 流量采样 1 h，记录采样流量和现场的温度及大气压。用镊子轻轻取出滤膜，绒面向里对折，放入滤膜袋内。

4. 称量和计算

将采样滤膜在与空白滤膜相同的平衡条件下平衡 24 h 后，用分析天平称量（精确到 0.1 mg）记下重量（增量不应小于 10 mg），按下式计算 PM_{10}含量：

$$\rho = \frac{W_2 - W_1}{V} \times 1\,000 \tag{9—6}$$

式中　ρ——PM_{10}浓度，mg/m^3；

　　W_2——采样后滤膜的重量，g；

　　W_1——空白滤膜的重量，g；

　　V——已换算成标准状态（101.325 kPa，273 K）下的采样体积，m^3。

计算结果保留 3 位有效数字。

5. 思考与分析

PM_{10}测定与 TSP 测定的全过程有何不同？

实训项目十　环境空气　降尘的测定

一、降尘测定概述

降尘是指在空气环境条件下，靠重力自然沉降在集尘缸中的颗粒物，是空气动力学当量直径大于 10 μm 的固体颗粒物。

1. 方法原理

空气中可沉降的颗粒物沉降在装有乙二醇水溶液作收集液的集尘缸内，经蒸发、干燥、称重后，计算降尘量。

2. 测定要点

（1）采样点的设置。在采样前，首先要选好采样点。选择采样点时，应先考虑集尘缸不易损坏的地方，还要考虑到操作者易于更换集尘缸。普通的采样点一般设在矮建筑物的屋顶，或根据需要也可设在电线杆上。采样点附近不应有高大建筑物，并避开局部污染源。集尘缸放置高度应距离地面 5 ~ 12 m。在某一地区，各采样点集尘缸的放置高度尽量保持在大致相同的高度。如放置在屋顶平台上，采样口应距平台 1 ~ 1.5 m，以避免平台扬尘的影响。

（2）样品的收集。集尘缸在放到采样点之前，加入乙二醇 60 ~ 80 mL，以占满缸底为准，加水量视当地的气候情况而定。比如，冬季和夏季加 50 mL，其他季节可加 100 ~ 200 mL。加好后，罩上塑料袋，直到把缸放在采样点的固定架上再将塑料袋取下，开始收集样品。记录放缸地点、缸号、时间（年、月、日、时）。加乙二醇的目的是防止冻冰、保持缸底润湿和抑制微生物及藻类的生长。

按月定期更换集尘缸一次［(30 ± 2) 天］，取缸时应核对地点、缸号，并记录取缸时间（月、日、时），罩上塑料袋，带回实验室。取换缸的时间规定为月底 5 天内完成。在夏季多雨季节，应注意缸内积水情况，为防止水满溢出，应及时更换新缸，采集的样品合并后测定。

（3）降尘总量的测定。测定降尘总量之前，将准备使用的坩埚分别在（105 ± 5）℃烘箱和 600℃下灼烧至恒重，坩埚重分别为 W_a 和 W_b。测定降尘总量时，要除去昆虫、树叶等异物。将样品浓缩后转移至 100 mL 以恒重的坩埚内，在（105 ± 5）℃烘箱内烘至恒重，此重量为 W_1。

（4）降尘总量中可燃物的测定。将已测降尘总量的瓷坩埚放入马福炉中，600℃下灼烧至恒重，此重量为 W_2。

3. 结果表示

（1）降尘总量：

$$M=\frac{W_1-W_0-W_c}{Sn}\times 30\times 10^4 \qquad (10—1)$$

式中 M——降尘总量，t/（km^2·月），即每月每平方公里面积上沉降的颗粒物的吨数；

W_1——降尘、瓷坩埚和乙二醇水溶液蒸发至干并在（105±5）℃恒重后的重量，g；

W_0——瓷坩埚在（105±5）℃恒重后的重量，g；

W_c——与采样操作等量的乙二醇水溶液蒸发至干并在（105±5）℃恒重后的重量，g；

S——集尘缸缸口面积，cm^2；

n——采样天数（准确到0.1天）。

（2）降尘中可燃物：

$$M'=\frac{(W_1-W_0-W_c)-(W_2-W_b-W_d)}{Sn}\times 30\times 10^4 \qquad (10—2)$$

式中 M'——可燃物，t/（km^2·月），即每月每平方公里面积上可燃物的吨数。

W_2——降尘、瓷坩埚及乙二醇水溶液蒸发残渣于600℃灼烧恒重后的重量，g；

W_b——瓷坩埚于600℃灼烧恒重后的重量，g；

W_d——与采样操作等量的乙二醇水溶液蒸发残渣于600℃灼烧恒重后的重量，g。

其他同降尘总量式中所表示。

二、扩展知识：苯并（a）芘

苯并芘是一类具有明显致癌作用的有机化合物。它是由苯环和一个芘分子结合而成的多环芳烃类化合物，在苯中溶解时呈蓝色或紫色荧光，在浓硫酸中呈橘红色并伴有绿色荧光。主要是含碳燃料及有机热解过程的产物。工厂烟气中的悬浮颗粒物上吸附有苯并（a）芘，散布在大气中。炼焦、化工、染料等工厂排出的工业废气中，以及熏制食品、香烟烟雾中均含有苯并（a）芘。苯并（a）芘在大气中的含量是检验大气污染程度的重要指标之一。

苯并（a）芘又名3，4－苯并（a）芘，简称BaP，分子结构式如图10—1所示，其测定方法有乙酰化滤纸层析－荧光分光光度法、高效液相色谱－紫外检测法、高效液相色谱－荧光检测法。

1. 乙酰化滤纸层析－荧光分光光度法

（1）方法原理。将采集在玻璃纤维滤膜上的飘尘微粒，用环己烷在水浴上连续加热提取、浓缩，用乙酰化滤纸进行层析分离，苯并（a）芘在紫外光照射下呈蓝紫色荧光斑点，BaP斑点用丙酮洗脱，其洗脱液的荧光强度与苯并（a）芘含量成正比，可用荧光光度计进行

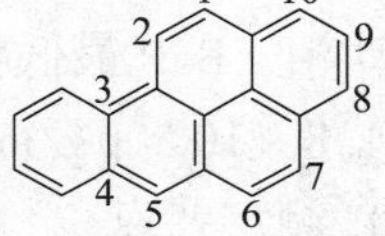

图10—1　苯并（a）芘结构式

定量分析。

（2）适用范围。本方法适用于大气飘尘中 BaP 的测定。当采样体积为 40 m^3时，最低检出浓度为 0.002 μg/100 m^3。

（3）测定要点

1）BaP 标准溶液的配制。将适量的 BaP 固体，用少量的苯溶解，用环已烷定容配成一定浓度的 BaP 标准溶液。

2）乙酰化滤纸的制备。在一定的条件下，用乙酰化溶液（乙酸酐、硫酸、苯）处理滤纸，制成乙酰化滤纸。

3）样品采集和萃取。按可吸入颗粒物采样方法，用超细玻璃纤维滤膜采集样品。滤膜在索氏提取器中，用环已烷在水浴中连续回流 8 h 之后，将提取液浓缩。

4）纸层析分离。在乙酰化滤纸进行点样，用展开剂（甲醇: 乙醚: 蒸馏水 =4: 4: 1）进行展开。在紫外分析仪下标出斑点范围，剪下斑点部位，用丙酮洗脱。取上清液备测。

5）样品测定。将标准 BaP 斑点和样品斑点的丙酮洗脱液，在 1 cm 石英池中，选择激发、发射狭缝分别为 10 nm 和 2 nm，在激发波长 367 nm 处，测其发射波长 402、405、408 nm 处的荧光强度 F。

（4）结果计算：

$$F = F_{405\text{nm}} - \frac{F_{402\text{nm}} + F_{408\text{nm}}}{2} \tag{10—3}$$

$$c = \frac{MF_{\text{样品}}}{F_{\text{标准}}V} R \times 100 \tag{10—4}$$

式中 c——大气飘尘中 BaP 含量，μg/100 m^3；

M——标准 BaP 点样量，μg；

$F_{\text{标准}}$、$F_{\text{样品}}$——标准 BaP 和样品斑点的相对荧光强度；

V——大气飘尘样品体积，m^3；

R——环已烷提取液总体积与浓缩时所取的环已烷提取液的体积之比值。

2. 高效液相色谱法（紫外检测器）

（1）方法原理。高效液相色谱法与经典液相色谱法的区别在于其流动相不是在常压下输送，而是在高压下输送（最高输送压力可达 4.9×10^7 Pa）；色谱柱是以特殊的方法用小粒径的填料填充而成，从而使柱效大大高于经典液相色谱；同时柱后连有高灵敏度的检测器，可对流出物进行连续检测。

将采集在超细玻璃纤维滤膜上的可吸入颗粒物中的 BaP 在乙腈 - 水或甲醇 - 水溶剂中超声提取，提取液注入高效液相色谱仪，通过色谱柱的 BaP 与其他化合物分离，然后用紫外检测器对 BaP 进行测定。

（2）测定范围。用大流量采样器（流量为 1.13 m^3/min）连续采集 24 h，乙腈 - 水做流动相，BaP 最低检出浓度为 6×10^{-5} μg/m^3；甲醇 - 水做流动相，BaP 最低检出浓度为 1.8×10^{-4} μg/m^3。

（3）测定要点

1）BaP 标准储备液和工作标准溶液的配制。用乙腈溶解色谱纯 BaP 样品，定容制

成 BaP 标准储备液。使用时，用乙腈稀释标准储备液配制成工作标准溶液，在逐级稀释成不同浓度的标准系列溶液。

2）样品采集。用预先处理过的超细玻璃纤维滤膜，按可吸入颗粒物采样方式，连续采样 24 h。

3）色谱条件调整。柱温：常温。流动相流量：1.0 mL/min。流动相组成：乙腈－水，线形梯度洗脱，组分变化见表 10—1。检测器：紫外检测器，测定波长254 nm。

表 10—1　　高效液相色谱法测定苯并（a）芘流动相组分变化

时间（min）	溶液组成	时间（min）	溶液组成
0	40%乙腈－60%水	35	100%乙腈
25	100%乙腈	45	40%乙腈－60%水

4）标准曲线的绘制。用微量注射器或自动进样器定量注入标准溶液，测定其保留时间和峰面积（或峰高），以峰面积（或峰高）对含量绘制标准曲线。

5）样品测定。将采样滤膜 n 等分，取 $1/n$ 份，用乙腈作溶剂，超声提取，离心分离。用微量注射器抽取上清液进样或自动进样。记录保留时间和封面积（或峰高），以保留时间进行定性分析，以峰面积（或峰高）进行定量分析。

（4）结果计算

BaP 浓度计算：

$$c=\frac{WV_{\mathrm{t}}\times 10^{-3}}{\frac{1}{n}V_iV_{\mathrm{s}}} \tag{10—5}$$

式中　c——环境空气可吸入颗粒物 BaP 浓度，$\mu g/m^3$；

W——注入色谱仪样品中 BaP 量，ng；

V_{t}——提取液总体积，μL；

V_i——进样体积，μL；

V_{s}——换算成标准状况下的采样体积，m^3；

$1/n$——分析用滤膜在整张滤膜中所占比例。

三、实训过程：环境空气　降尘的测定

依据标准：《环境空气　降尘的测定　重量法》（GB/T 15265—1994）。

1. 方法原理

空气中可沉降的颗粒物，沉降在装有乙二醇水溶液作收集液的集尘缸内，经蒸发、干燥、称重后，计算降尘量。

2. 试剂

乙二醇（$C_2H_6O_2$）。

3. 仪器

（1）集尘缸，内径（15±0.5）cm，高 30 cm 的圆筒形玻璃缸。缸底要平整。
（2）100 mL 瓷坩埚。
（3）电热板，2 000 W。
（4）搪瓷盘。
（5）分析天平，感量 0.1 mg。

4. 样品采集

（1）采样点的设置：在采样前，首先要选好采样点。选择采样点时，应先考虑集尘缸不易损坏的地方，还要考虑操作人员易于更换集尘缸。普通的采样点一般设在矮建筑物的屋顶，或根据需要也可以绑缚在电线杆上。集尘缸放置高度应距离地面 5～12 m。

（2）样品的收集：集尘缸在放到采样点之前，加入乙二醇 60～80 mL，以占满缸底为准，加 50～200 mL 水，罩上塑料袋，直到把缸放在采样点的固定架上再把塑料袋取下，开始收集样品。记录放缸地点、缸号、时间（年、月、日、时）。

（3）样品的收集：按月收集集尘缸一次［（30±2）天］。取缸时应核对地点、缸号，并记录取缸时间（月、日、时），罩上塑料袋，带回实验室。

5. 分析步骤

（1）瓷坩埚的准备：将 100 mL 的瓷坩埚洗净、编号，在（105±5）℃下，烘箱内烘3 h，取出放入干燥器内，冷却 50 min，在分析天平上称量，再烘 50 min，冷却 50 min，再称量，直至恒重（两次重量之差小于 0.4 mg），此值为 W_0。

（2）降尘总量的测定：首先用尺子测量集尘缸的内径（按不同方向至少测定三处，取其算术平均值），然后用光洁的镊子将落入缸内的树叶、昆虫等异物取出，并用水将附着在上面的细小尘粒冲洗下来合并，扔掉冲洗后的异物，用淀帚把缸壁擦洗干净，将缸内溶液和尘粒全部转入 500 mL 烧杯中，在电热板上蒸发，使体积浓缩到 10～20 mL，冷却后用水冲洗杯壁，并用淀帚把杯壁上的尘粒擦洗干净，将溶液和尘粒全部转移到已恒重的 100 mL 瓷坩埚中，放在搪瓷盘里，在电热板上小心蒸发至干（溶液少时注意不要迸溅），然后放入烘箱于（105±5）℃烘干，按上述方法称量至恒重。此值为 W_1。注：淀帚是在玻璃棒的一端，套上一小段乳胶管，然后用止血夹夹紧，放在（105±5）℃的烘箱中，烘 3 h 后使乳胶管黏合在一起，剪掉不黏合的部分制得，用来扫除尘粒。

（3）空白：将与采样操作等量的乙二醇水溶液，放入 500 mL 的烧杯中，在电热板上蒸发浓缩至 10～20 mL，然后将其转移至已恒重的瓷坩埚内，将瓷坩埚放在搪瓷盘中，再放在电热板上蒸发至干，于（105±5）℃烘干，按与样品测定相同步骤称量至恒重，减去瓷坩埚的重量 W_0，即为 W_c。

6. 数据计算

降尘量为单位面积上单位时间内从大气中沉降的颗粒物的质量。其计量单位为每

月每平方公里面积上沉降的颗粒物的吨数，即 t/(km² · 月)，按下式计算。

$$M = \frac{W_1 - W_0 - W_c}{Sn} \times 30 \times 10^4 \qquad (10—6)$$

式中　M——降尘总量，t/(km² · 月)，即每月每平方公里面积上沉降的颗粒物的吨数；

W_1——降尘、瓷坩埚和乙二醇水溶液蒸发至干并在（105 ±5)℃恒重后的重量，g；

W_0——瓷坩埚在（105 ±5)℃恒重后的重量，g；

W_c——与采样操作等量的乙二醇水溶液蒸发至干并在（105 ±5)℃恒重后的重量，g；

S——集尘缸缸口面积，cm²；

n——采样天数，准确到 0.1 天。

结果要求保留一位小数。

7. 注意事项

(1) 大气降尘是指可沉降的颗粒物，故应除去树叶、枯枝、鸟粪、昆虫、花絮等干扰物。

(2) 每一个样品所使用的烧杯、瓷坩埚等的编号必须一致，并与其相对应的集尘缸的缸号一并及时填入记录表中。

(3) 瓷坩埚在烘箱或干燥器中，应分离放置，不可重叠。

(4) 蒸发浓缩实验要在通风柜中进行，样品在瓷坩埚中浓缩时，不要用水洗涤坩埚，否则将在乙二醇与水的界面上发生剧烈沸腾使溶液溢出。当浓缩至 20 mL 以内时应降低温度并不断摇动，使降尘黏附在瓷坩埚壁上，避免样品溅出。

(5) 应尽量选择缸底比较平的集尘缸，可以减少乙二醇的用量。

8. 思考与分析

简述降尘测定中乙二醇的作用。

实训项目十一　环境空气　铅的测定

一、铅测定概述

铅是一种重金属，有毒。铅无法再降解，一旦排入环境很长时间仍然保持其可用性。由于铅在环境中的长期持久性，又对许多生命组织有较强的潜在毒性，所以铅一直被列为强污染物范围。

铅中毒的症状为胃疼、头疼、颤抖、神经性烦躁，在最严重的情况下，可能会昏迷，甚至死亡。在很低的浓度下，铅的慢性长期健康效应表现为影响大脑和神经系统。

铅与颗粒物一起被风从城市输送到郊区，从一个省输送到另一个省，甚至到国外，影响其他地区，成了世界公害。

铅对环境的污染来自两方面：一是冶炼、制造和使用铅制品的工矿企业，尤其是有色金属冶炼过程中所排出的含铅废水、废气和废渣；二是汽车排出的含铅废气，汽油中用四乙基铅作为抗爆剂（每公斤汽油用1～3 g），在汽油燃烧过程中，铅便随汽车排出的废气进入大气。

铅的测定方法有快速测定法和实验室测定法。快速测定法一般用于突发性环境污染事故应急监测，可使用四羧醌试纸比色法、分光光度法、阳极溶出伏安法等；实验室测定方法可以用原子吸收分光光度法，而根据污染物浓度大小，可以选择用原子吸收分光光度法中的火焰法或石墨炉法。

二、扩展知识

1. 其他颗粒物污染物元素监测

除铅外，颗粒物中还存在着其他污染物元素，如砷、硒、铬、锑、铍、铜、锌、锰、铁、镉、镍、汞等，根据不同的需要进行监测。污染物监测方法见表11—1。

表11—1　　其他颗粒污染物元素监测方法

颗粒污染物元素	测定方法	最低检出浓度
砷（As）	二乙基二硫代氨基甲酸银分光光度法	采样5 m^3，1/2张样品滤纸，1.6×10^{-4} mg/m^3
	新银盐分光光度法	采样10 m^3，1/2张样品滤纸，9×10^{-6} mg/m^3
	原子荧光法	采样30 m^3，1/2张样品滤纸，2.4×10^{-6} mg/m^3

续表

颗粒污染物元素	测定方法	最低检出浓度
硒（Se）	原子荧光法	采样 100 m^3，整张样品滤纸，2.5×10^{-7} mg/m^3
铬（Cr）	二苯碳酰二肼分光光度法	采样 30 m^3，1/4 张样品滤纸，4×10^{-5} mg/m^3
锑（Te）	5－Br－PADAP 分光光度法	采样 50 m^3，整张样品滤纸，1×10^{-5} mg/m^3
铍（Be）	原子吸收分光光度法 桑色素荧光分光光度法	采样 10 m^3，制成 10 mL 样品溶液，3×10^{-10} mg/m^3 采样 10 m^3，制成 25 mL 样品溶液，取 5 mL 测定，5×10^{-7} mg/m^3
铁（Fe）	4，7－二苯基－1，10－菲啰啉分光光度法	采样 8.6 m^3，制成 100 mL 样品溶液，取 5 mL 测定，2.3×10^{-4} mg/m^3
汞（Hg）		采样体积为 15 L 时，检出限为 6.6×10^{-6} mg/m^3，测定下限为 2.6×10^{-5} mg/m^3
铜（Cu）、锌（Zn）、铬（Cr）、镉（Cd）、锰（Mn）、镍（Ni）	原子吸收分光光度法	采样 10 m^3，定容 10 mL，Cu：0.2 μg/m^3；Zn：0.3 μg/m^3；Cd：0.05 μg/m^3；Cr：0.4 μg/m^3；Mn：0.2 μg/m^3；Ni：0.5 μg/m^3

2. 原子吸收分光光度法（AAS）

（1）火焰原子吸收法简介。原子吸收分光光度法也叫原子吸收光谱法，简称原子吸收法。该方法有测定快速、干扰少、应用范围广、可在同一试样中测定多种元素等特点。当样品中被测元素含量较高时，将处理好的试样直接喷入空气—乙炔火焰。当样品中被测元素含量较低时，先用吡咯烷二硫代氨基甲酸铵（APDC）或碘化钾（KI）与试样中被测元素离子形成螯合物或络合物，然后将螯合物或络合物萃入甲基异丁基酮（MIBK）中，再喷入空气—乙炔火焰。一般测铜和锌时用直接法即可，测铅和镉时，视含量而定使用直接法、APDC 法或 KI 法。

此外，当样品中被测元素含量较低时，也可利用在线富集流动注射火焰原子吸收法测定镉、铜、铅、锌。其方法就是，在 pH 值为 5.5～6.5 的 HAc－NaAc 缓冲介质中，Cu^{2+}、Zn^{2+}、Pb^{2+}、Cd^{2+} 与 NP 多胺基磷酸树脂螯合，在强酸性条件下，又重新被释放出来。根据这一原理，调节试液的酸度为 pH＝5.7，使试液中痕量的 Cu、Zn、Pb、Cd 富集在树脂柱上，然后让 1.5 mol/L HNO_3 溶液通过树脂柱，将 Cu、Zn、Pb、Cd 快速洗脱并喷入火焰中，记录仪记录瞬间峰高。此方法灵敏度和精密度均较好。

（2）基本原理。火焰原子吸收分光光度法是根据某元素的基态原子对该元素的特征谱线产生选择性的吸收来进行测定的分析方法。

将试样喷入火焰，被测元素的化合物在火焰中解离形成原子蒸气，由锐线光源（空心阴极灯或无极放电灯等）发射的某元素的特征谱线光辐射通过原子蒸气层时，该元素的基态原子对特征谱线产生选择性吸收。在一定条件下，特征谱线光强度的变化与试样中被测元素的浓度成比例。通过对自由基态原子对选用吸收线吸光度的测量，确定试样中该元素的浓度。测定过程示意如图 11—1 所示。

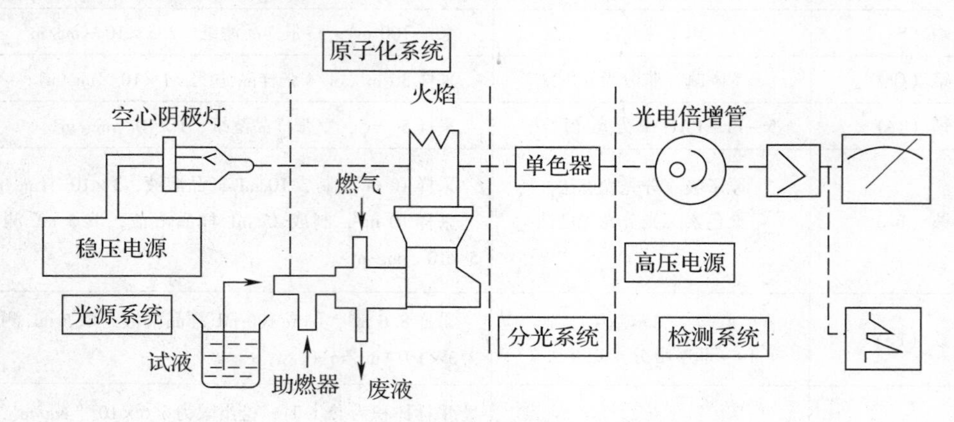

图 11—1　原子吸收分析过程示意

每种元素都有自己的为数不多的特征吸收谱线。不同的元素的测定采用相应的元素灯，因此，谱线的干扰在原子吸收分光光度法中是很少见的。

影响此方法准确度的主要干扰是基体的化学干扰。由于试样和标准溶液基体的不一致，试样中存在的某些基体常常影响被测元素的原子化效率，如在火焰中形成难以解离的化合物或使解离生成的原子很快重新形成在火焰温度下不再解离的化合物，这时就发生干扰作用。一般来说，铜、铅、锌、镉的基体干扰不太严重。

（3）定量分析方法

1）标准曲线法。先配制相同基体的含有不同浓度待测元素的系列标准溶液，分别测其吸光度，以扣除空白值后的吸光度为纵坐标，对应的标准溶液浓度为横坐标绘制标准曲线。在同样的操作条件下测定试样溶液的吸光度，从标准曲线查得试样溶液的浓度。

2）标准加入法。如果试样的基体组成复杂，且对测定又明显干扰时，则在标准曲线呈线性关系的浓度范围内，可使用这种方法。

取四份相同的试样溶液，从第二份起按比例加入不同量的待测元素的标准溶液，稀释至一定的体积。设试样中待测元素的浓度为 c_x，加入标准溶液后的浓度分别为 c_x+c_0、c_x+2c_0、c_x+4c_0，分别测四份溶液的吸光度值 A_x、A_1、A_2、A_3。以吸光度 A 对浓度 c 作图，得到一条不通过原点的直线，外延此直线，与横坐标交于 c，即为待测元素的浓度，如图 11—2 所示。

（4）石墨炉原子吸收法简介。电热高温石墨炉原子化器如图 11—3 所示。在石墨管上有三个小孔，直径 1 ~ 2 mm，试样溶液加入量为 1 ~ 100 μL，从中央小孔注入。为了防止试样及石墨管氧化，要在不断通入惰性气体（如氩气）的情况下进行测定。用 10 ~ 15 V、400 ~ 600 A 的电流通过石墨管进行加热。测定时分为干燥、灰化、原子化和净化四个阶段。最后升温至 3 300 K 的高温数秒钟，净化，以便除去残渣。这种热原子化装置的原子化效率和测定灵敏度都比火焰法高得多，其检测极限可达 10^{-12} g 数量级。整个过程在封闭系统里进行，故操作安全。

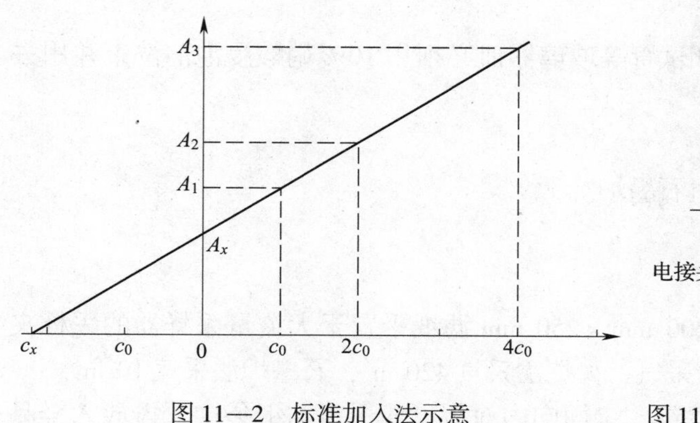

图 11—2　标准加入法示意

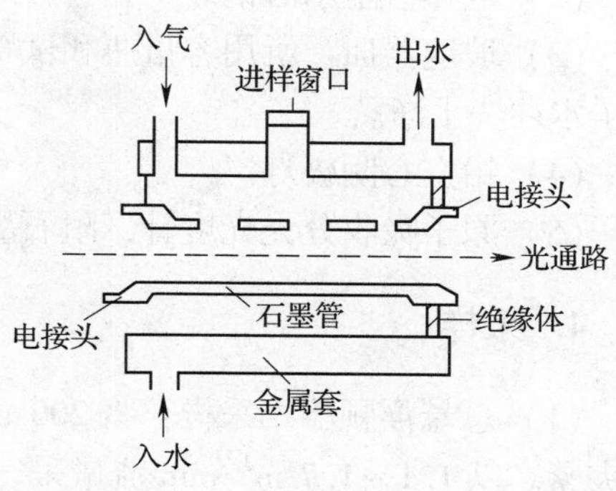

图 11—3　电热高温石墨炉原子化器构造

三、实训过程：环境空气　铅的测定

依据标准：《环境空气—铅的测定—原子吸收分光光度法》（F－HZ－HJ－DQ－0072）。

1. 方法原理和适用范围

采集在玻璃纤维滤纸上的铅及其化合物，经稀硝酸加热浸出，以离子形态定量地转移到溶液中，于 283.3 nm 铅谱线下用原子吸收分光光度法进行测定。

火焰原子吸收法的检出限为 0.24 μg/mL，石墨炉原子吸收法的检出限为 6.6×10^{-5} μg/mL。根据环境空气状况选择适用方法。本实训分别介绍两种方法。

2. 试剂

（1）水：所有实验用水均为无铅的去离子水（用氢型强酸性阳离子交换树脂处理的去离子水）。

（2）玻璃纤维滤纸（以下简称滤纸）：用于大流量采样器采集总悬浮颗粒物时，滤纸为“49”型，规格为 200 mm×250 mm。

（3）硝酸：用优级纯硝酸与水配制成 1＋1、0.8 mol/L、2 mol/L 的硝酸溶液。

（4）铅标准储备溶液：准确称取 0.500 0 g 金属铅（99.99%）于 150 mL 烧杯中，加入 20 mL 硝酸（1＋1），加热溶解后取下放冷，移入 500 mL 容量瓶中，用水稀释至刻度，混匀。此溶液 1.00 mL 含 1 000 μg 铅。或直接用市售 1.00 mg/mL 铅标准溶液。

铅标准使用液：用 0.8 mol/L 硝酸溶液稀释成 1.00 mL 含 100 μg 和 1.00 mL 含 1.0 μg 铅的标准溶液，临用时现配。

3. 仪器

（1）大流量采样器：流量范围 1.1～1.7 m^3/min。滤纸规格为 200 mm×250 mm，可采颗粒物直径为 0.1～100 μm。

(2) 电热恒温水浴锅。

(3) 玻璃器皿：所用容量瓶和试管等玻璃器皿必须用10%硝酸浸泡清洗，并用去离子水冲洗干净。

(4) 铅空心阴极灯。

(5) 原子吸收分光光度计，附石墨炉。

4. 采样

(1) 总悬浮颗粒物采样：将200 mm×250 mm 滤纸平置于大流量采样器的采样夹上夹紧。以1.1～1.7 m^3/min 流量采气，火焰法采气420 m^3，石墨炉法采气10 m^3。

(2) 采样后，小心取下采样滤纸，尘面向内对折，放于清洁纸袋中，再放入样品盒内保存待用。记录采样时的温度和大气压力。

5. 分析步骤

(1) 取6只50 mL容量瓶，按表11—2或表11—3加入铅标准溶液，用0.8 mol/L硝酸溶液稀释至刻度，制备标准系列。

表11—2　火焰法标准系列

瓶号	0	1	2	3	4	5
100 μg/mL 标准液（mL）	0	0.50	1.50	2.50	3.50	5.00
铅浓度（μg/mL）	0	1.0	3.0	5.0	7.0	10.0

表11—3　石墨炉法标准系列

瓶号	0	1	2	3	4	5
1.0 μg/mL 标准液（mL）	0	0.50	1.50	2.50	3.50	5.00
铅浓度（μg/mL）	0	0.010 0	0.030 0	0.050 0	0.070 0	0.100

(2) 将原子吸收分光光度计调至最佳工作状态，在铅的工作条件下（若用火焰法，见表11—4；若用石墨炉法，见表11—5），测定标准系列各点吸光度。

表11—4　火焰原子吸收法仪器工作条件

波长（nm）	283.3
灯电流（mA）	5
狭缝（nm）	0.7
燃烧器高度（mm）	5
乙炔气流量（L/min）	2.5
空气流量（L/min）	10

表 11—5　　石墨炉原子吸收法仪器工作条件

波长（nm）	283.3
灯电流（mA）	5
狭缝（nm）	0.7
干燥温度（℃）	100
干燥时间（s）	30
灰化温度（℃）	700
灰化时间（s）	15
原子化温度（℃）	2 000
原子化时间（s）	5
清除温度（℃）	2 700
清除时间（s）	3
进样量（μL）	25

（3）以减去零浓度溶液的吸光度为纵坐标，铅浓度（μg/mL）为横坐标，绘制标准曲线，并计算回归线斜率，以斜率倒数作为计算因子 B_s[μg/(mL·吸光度)]。

6. 样品测定

（1）样品处理。取总悬浮颗粒物采样滤纸 50 cm^2，将样品置于 50 mL 刻度试管中，加 20 mL 2 mol/L 硝酸溶液浸没样品，于通风橱里在沸水浴中加热 1 h，取出放冷至室温，转移至 50 mL 容量瓶内，并用少量水，分数次洗涤试管，洗液并入容量瓶中，再用水加至刻度，混匀。静置 1 h（或离心分离），取上清液测定。

（2）同时用未采样的滤纸，按制备样品溶液的操作步骤，制备空白溶液。

（3）在绘制标准曲线的同时，测定样品和空白溶液的吸光度。

7. 结果计算

（1）将采样体积按下式换算成标准状况下的采气体积：

$$V_0 = V_t \times \frac{T_0}{273+t} \times \frac{P}{P_0} \qquad (11—1)$$

式中　V_0——换算成标准状况下的采样体积，L；

V_t——采样体积，L；

T_0——标准状况的绝对温度，273 K；

t——采样时的温度，℃；

P_0——标准状况的大气压力，101.3 kPa；

P——采样时的大气压力，kPa。

（2）计算空气中铅的浓度：

$$c = \frac{50(A-A_0)B_s}{V_0} \times \frac{S_1}{S_2} \qquad (11—2)$$

式中 c——空气中的铅浓度，mg/m^3；

A——样品溶液吸光度；

A_0——空白溶液吸光度；

50——制备样品溶液的体积，mL；

B_s——计算因子，μg/(mL·吸光度)；

S_1——样品滤纸的总过滤面积，cm^2；

S_2——分析时所取样品滤纸的过滤面积，cm^2。

8. 思考与分析

如何判断何时使用火焰法，何时使用石墨炉法？

第三篇　污染源监测

实训项目十二　饮食业油烟的监测

一、饮食业油烟监测概述

食物烹饪、加工过程中挥发的油脂、有机质及其加热分解或裂解产物，统称为油烟。油烟主要成分为一氧化碳、二氧化碳、氮氧化物、硫氧化物、醛、酮、烃、脂肪酸、醇、芳香族化合物、酮、内酯、杂环化合物等。

吸入油烟对肺功能有明显的影响。烹调油烟还可以引起体内脂质过氧化和降低抗氧化物质和酶的活性。烹调油烟中存在着能引起基因突变，染色体和 DNA 损伤等不同生物学效应的细胞遗传毒性物质，具有肯定的致突变性。

我国 2001 年 12 月颁布了《饮食业油烟排放标准》（GB 18483—2001），同时颁布了《饮食业油烟净化设备技术要求及检测技术规范》（HJ/T 62—2001）。饮食业油烟的测定一般采用红外分光光度法。此外，为了方便现场快速检测，也使用油烟检测管目视比色法。对于油烟组分的测定还使用紫外分光光度法。2012 年颁布了新标准《环境保护产品技术要求 便携式饮食油烟检测仪》（HJ 2526—2012）。

二、扩展知识：恶臭测定——三点比较式臭袋法

恶臭是指难闻的臭味。迄今凭人的嗅觉就能感觉到的恶臭物质就有 4 000 多种，其中对人体健康危害较大的有几十种。有的散发出腐败的臭鱼味，如胺类；有的刺鼻，如氨类和醛类；有的放出臭鸡蛋味，如硫化氢。恶臭物质使人呼吸不畅，恶心呕吐，烦躁不安，头昏脑涨，甚至把人熏倒，浓度高时，还会使人窒息而死。

恶臭物质分布很广，影响范围大，已成为一些国家的公害。恶臭物质多来源于化学、制药、制革、肥料、食品、铸造等行业。

恶臭气体既有无组织排放，也有固定源排放。三点比较式臭袋法是利用人的嗅觉器官对污染源排气及环境空气样品臭气浓度的测定方法。

1. 方法原理

将三只无臭袋中的两只充入无臭空气，另一只则按一定稀释比例充入无臭空气和被测恶臭气体样品供嗅辨员嗅辨，当嗅辨员正确识别有臭气袋后，再逐级进行稀释、嗅辨，直至稀释样品的臭气浓度低于嗅辨员的嗅觉阈值时停止试嗅。每个样品由若干名嗅辨员同时测定，最后根据嗅辨员的个人阈值和嗅辨小组成员的平均阈值，求得臭气浓度。

2. 适用范围

本方法适用于各类恶臭源以不同形式排放的气体样品和环境空气样品臭气浓度的测定。样品包括仅含一种恶臭物质的样品和含两种以上恶臭物质的复合臭气样品。本方法不受恶臭物质种类、种类数目、浓度范围及所含成分浓度比例的限制。

3. 测定要点

（1）样品采集。采集排气管道（筒）内恶臭气体样品时，按图12—1的采样方式采集。排气温度较高时，应对采样导管予以水冷却或空气冷却，使进入采样袋气体的温度接近常温。采样时应根据排气状况的调查结果，确定采样的时机和充气速度，保证采集的气体样品具有代表性。正式采样前，用被测气体充洗采样袋3次。

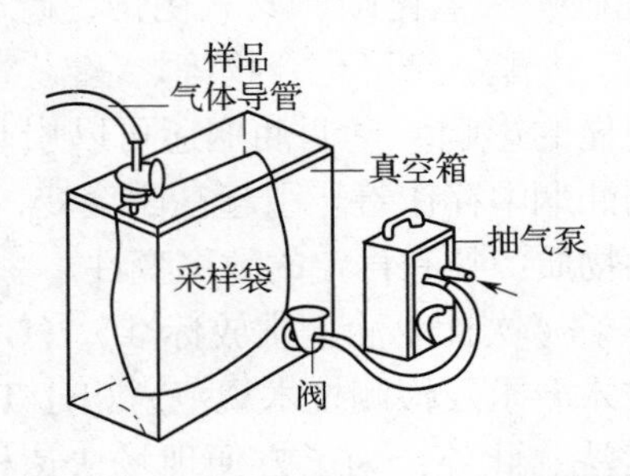

图12—1　恶臭测定排气筒气体采样装置

采集环境臭气样品时，在实验室内，用真空排气处理系统将采样瓶排气至瓶内压力接近 -1.0×10^5 Pa。采样时打开采样瓶塞，使样品气体充入采样瓶内至常压后盖好瓶塞，避光运回实验室，24 h内测定。

（2）样品的测定

1）排放源臭气样品。对于以采样袋和采样瓶采集的有组织和无组织排放的高浓度臭气样品，采集气体样品的采样瓶运回实验室后，取下瓶上的大塞并迅速从该瓶口装入带通气管瓶塞的10 L聚酯衬袋。用注射器由采样瓶小塞处抽取瓶内气体配制供嗅辨的气袋，室内空气经大塞通气管进入衬袋保持瓶内压力不变。由6名嗅辨员组成嗅辨小组在无臭室内做好嗅辨准备，嗅辨员当天不能携带和使用有气味的香料及化妆品，不能食用有刺激气味的食物，患感冒或嗅觉器官不适的嗅辨员不能参加当天的测定。

高浓度臭气样品的稀释梯度见表12—1。

表12—1　　恶臭测定高浓度样品稀释梯度

在3 L无臭袋中注入样品的量（mL）	100	30	10	3	1	0.3	0.03	0.01
稀释倍数	30	100	300	1 000	3 000	1万	10万	30万

由配气员（必须是嗅觉检测合格者）首先对采集样品在3 L无臭袋内按上述稀释梯度配制几个不同稀释倍数的样品，进行嗅辨尝试，从中选择一个既能明显嗅出气味又不强烈刺激的样品，以样品的稀释倍数作为配制小组嗅辨样品的初始稀释倍数。

配气员将18只3 L无臭袋分成6组，每一组中的3只袋分别标上1、2、3号，将其中一只按正确的初始稀释倍数定量注入取自采样瓶或采样袋的样品后充满清洁空气，其余两只仅充满清洁空气。然后将6组气袋分发给6名嗅辨员嗅辨。

6名嗅辨员对于分发的3只气袋分别取下通气管上的塞子，对3只气袋中的气体进行嗅辨比较，并挑出有味气袋。全员嗅辨结束后，进行下一级稀释倍数实验。若有人回答错误，即终止该人嗅辨。当有五名嗅辨员回答错误时实验全部终止。

2）环境臭气样品。环境臭气样品浓度较低，其逐级稀释倍数选择10倍，其他配气操作同排放源臭气样品的测定操作。当嗅辨员认定某一气体袋有气味，则记录该袋编号。上述实验重复3次。实验主持人将6人18个嗅辨结果代入下式计算。

$$M=\frac{1.00\times a+0.33\times b+0\times c}{n} \tag{12—1}$$

式中　M——小组平均正解率；

a——答案正确的人次数；

b——答案为不明的人次数；

c——答案为错误的人次数；

n——解答总数（18人次）；

1.00、0.33、0——统计权重系数。

当M值大于0.58时，则继续按10倍梯度扩大对臭气样品的稀释倍数并重复实验和计算，直至得出M_1和M_2。M_1为某一稀释倍数的平均正解率小于1且大于0.58的数值，M_2为某一稀释倍数平均正解率小于0.58的数值。当第一级10倍稀释样品平均正解率小于（或等于）0.58时，不继续对样品稀释嗅辨，其样品臭气浓度以“<10”或“$=10$”表示。

（3）结果计算

1）污染源臭气测定结果计算。将嗅辨员每次嗅辨结果汇总至答案登记表，每人每次所得的正确答案以“0”表示，不正确答案以“×”表示，计算个人嗅阈值X_i：

$$X_i=\frac{\lg a_1+\lg a_2}{2} \tag{12—2}$$

式中　a_1——个人正解最大稀释倍数；

a_2——个人误解稀释倍数。

舍去小组个人嗅阈值中的最大值和最小值后，计算小组算术平均阈值（X）。

样品臭气浓度计算：

$$y=10^X \tag{12—3}$$

式中　y——样品臭气浓度；

X——小组算术平均阈值。

2）环境臭气测定结果计算。根据环境臭气样品测试得出的小组平均正解率求得的M_1和M_2值计算环境臭气样品的臭气浓度。

$$Y=t_1\times 10^{\alpha\beta} \tag{12—4}$$

$$\alpha=\frac{M_1-0.58}{M_1-M_2} \tag{12—5}$$

$$\beta = \lg \frac{t_2}{t_1} \qquad (12—6)$$

式中　Y——臭气浓度；

t_1——小组平均正解率 M_1 时的稀释倍数；

t_2——小组平均正解率 M_2 时的稀释倍数。

【示例 1】污染源臭气测定，见表 12—2。

表 12—2　　污染源臭气测定结果登记

稀释倍数（a）		30	100	300	1 000	3 000	1 万	3 万	个人嗅阈值	个人嗅阈值最大最小值
对数值（lg$a$）		1. 48	2. 00	2. 48	3. 03	3. 48	4. 00	4. 48		
嗅辨员	A	0	0	0	×				2. 74	舍去
	B	0	0	0	0	0			3. 74	
	C	0	0	0	0	×			3. 24	
	D	0	0	0	0	0	0	×	4. 24	舍去
	E	0	0	0	×				2. 74	
	F	0	0	0	0	×			3. 24	

$$\overline{X} = \frac{3.74 + 3.24 + 2.74 + 3.24}{4} = 3.24 \text{（平均阈值）}$$

$$y = 10^{3.24} \approx 1\ 738$$

【示例 2】环境臭气测定，见表 12—3。

表 12—3　　厂界环境测定结果登记

稀释倍数		10			100		
实验次序		1	2	3	1	2	3
嗅辨员判定结果	A	0	0	0	0	×	0
	B	0	△	×	×	0	×
	C	0	0	△	×	△	×
	D	×	△	0	0	×	×
	E	△	0	0	×	×	△
	F	×	0	△	0	△	0
小组平均正解率（M）		$a=10$；$b=5$；$c=3$ $M_1 =$（1.00×10+0.33×5+0×3）/18≈0.65			$a=6$；$b=3$；$c=9$ $M_2 =$（1.00×6+0.33×3+0×9）/18≈0.39		

$$Y = 10 \times 10^{\frac{0.65-0.58}{0.65-0.39}\lg\frac{100}{10}} \approx 18.59$$

三、实训过程：饮食业油烟监测

依据标准：《饮食业油烟排放标准》（GB 18483—2001）。

1. 测定原理

用等速采样法抽取油烟排气筒内的气体，将油烟吸附在油烟雾采集头内。将收集了油烟的采集滤芯置于带盖的聚四氟乙烯套筒中，回实验室后用四氯化碳作溶剂进行超声清洗，移入比色管中定容，用红外分光光度法测定油烟的含量。

油烟的含量由波数分别为2 930 cm^{-1}（CH_2 基团中 C－H 键的伸缩振动）、2 960 cm^{-1}（CH_3 基团中 C－H 键的伸缩振动）和3 030 cm^{-1}（芳香环中 C－H 键的伸缩振动）谱带处的吸光度 A_{2930}、A_{2960} 和 A_{3030} 进行计算。

2. 试剂

（1）四氯化碳（CCl_4）：在 2 600～3 300 cm^{-1} 范围扫描吸光度值不超过 0.03（4 cm 比色皿），一般情况下，分析纯四氯化碳蒸馏一次便能满足要求。

（2）高温回流食用花生油（或菜籽油、调和油等）。高温回流油的方法：在 500 mL 三颈瓶中加入 300 mL 的食用油，插入量程为500℃的温度计，先控制温度于 120℃，敞口加热 30 min，然后在其正上方安装一空气冷凝管，升温至 300℃，回流 2 h，即得标准油。

3. 仪器设备

（1）仪器：红外分光仪，能在 3 400～2 400 cm^{-1} 吸光值进行扫描操作，并配备 4 cm 带盖石英比色皿。

（2）超声清洗器。

（3）容量瓶：50 mL、25 mL。

（4）油烟采样器与滤筒。

（5）比色管：25 mL。

（6）带盖聚四氟乙烯圆柱形套筒。

（7）烟尘测试仪，其采样系统技术指标要求参照 GB/T 16157—1996。

4. 采样和样品保存

（1）采样。采样布点、采样时间和频次、采样工况均见标准正文中。采样步骤参照 GB/T 16157—1996 的烟尘等速采样步骤进行。

1）采样前，先检查系统的气密性。

2）加热用于湿度测量的全加热采样管，润湿干湿球，测出干、湿球温度和湿球负压；测量烟气温度、大气压和排气筒直径；测量烟气动、静压等条件参数。

3）确定等速采样流量及采样嘴直径。

4）装采样嘴及滤筒。装滤筒时需小心将滤筒直接从聚四氟乙烯套筒中倒入采样头内，特别注意不要污染滤筒表面。

5）将采样管放入烟道内，封闭采样孔。

6）设置采样时间，开机。

7）记录或打印采样前后累积体积、采样流量、表头负压、温度及采样时间。记录滤筒号。

8）油烟采样器采集油烟。

（2）样品保存。收集了油烟的滤筒应立即转入聚四氟乙烯清洗杯中，盖紧杯盖；样品若不能在 24 h 内测定，可保存在冰箱的冷藏室中（≤4℃）保存 7 天。

5. 试验条件

（1）滤筒在清洗完后，应置于通风无尘处晾干。

（2）采样前后均保证没有其他带油渍的物品污染滤筒。

6. 样品测定步骤

（1）把采样后的滤筒用重蒸后的四氯化碳溶剂 12 mL，浸泡在聚四氟乙烯清洗杯中，盖好清洗杯盖。

（2）把清洗杯置于超声仪中，超声清洗 10 min。

（3）把清洗液转移到 25 mL 比色管中。

（4）再在清洗杯中加入 6 mL 四氯化碳，超声清洗 5 min。

（5）把清洗液同样转移到上述 25 mL 比色管中。

（6）再用少许四氯化碳清洗滤筒及聚四氟乙烯杯两次，一并转移到上述 25 mL 比色管中，加入四氯化碳稀释至刻度标线。

（7）红外分光光度法测定：测定前先预热红外测定仪 1 h 以上，调节好零点和满刻度，固定某一组校正系数。

（8）标准系列配制：在精度为十万分之一的天平上准确称取回流好的相应的食用油标准样品 1 g 于 50 mL 容量瓶中，用重蒸（控制温度 70 ~ 74℃）后的分析纯 CCl_4 稀释至刻度，得高浓度标准溶液 A。取 A 液 1.00 mL 于 50 mL 容量瓶中，用上述 CCl_4 稀释至刻度，得标准中间液 B。移取一定量的 B 溶液于 25 mL 容量瓶中，用 CCl_4 稀释至刻度配成标准系列（浓度范围 0 ~ 60 mg/L）。

（9）样品测定：用适量的 CCl_4 浸泡聚四氟乙烯杯中的采样滤筒，盖上并旋紧杯盖后，将杯置于超声器上清洗 5 min，将清洗液倒入 25 mL 比色管中，再用适量的 CCl_4 清洗滤筒 2 次，将清洗液一并转入比色管中，稀释至刻度，即得到样品溶液。将样品溶液置于 4 cm 比色皿中，即可进行红外分光实验。

7. 结果计算

$$c = \frac{c_{溶液} V}{1\,000 V_0} \tag{12—7}$$

式中　c——油烟排放浓度，mg/m³；

$c_{溶液}$——滤筒清洗液油烟浓度，mg/L；
V——滤筒清洗液稀释定容体积，mL；
V_0——标准状态下干烟气采样体积，m^3。

8. 思考与分析

（1）采样前的准备要注意哪些问题？
（2）红外测油仪的使用要注意哪些问题？

实训项目十三　固定污染源采样

一、固定污染源采样概述

固定污染源是指烟道、烟囱机排气筒等。它们排放的废气中既包含固态烟尘和粉尘，也包含气态和气溶胶等多种有害物质。污染源监测的内容一般包括排放废气中有害物质的浓度（mg/m^3）、有害物质的排放量（kg/h）、废气排放量（m^3/h）。

1. 采样位置

（1）采样位置。采样位置应优先选择在垂直管段，应避开烟道弯头和断面急剧变化的部位。采样位置设置在距弯头、阀门、变径管下游方向不小于 6 倍直径，和距上述部件上游方向不小于 3 倍直径处。对于矩形横截面，可用当量直径确定采样位置。[当量直径 $D = 2AB/(A+B)$，A、B 为边长]。对于气态污染物，由于混合比较均匀，其采样位置可不受上述规定限制，但要避开涡流区。如果同时测定排气流量，采样位置仍按上述规定选取。采样位置应避开对测试人员操作有危险的场所。

（2）采样孔。如图 13—1 所示，在选定的测定位置上开设采样孔，采样孔的内径应不小于 80 mm，采样孔管长应不大于 50 mm。不使用时应用盖板、管堵或管帽封闭。当采样孔仅用于采集气态污染物时，其内径应不小于 40 mm。对于正压下输送高温或有毒气体的烟道应采用带有闸板阀的密封采样孔。对于圆形烟道，采样孔应设在包括各测定点在内的互相垂直的直径线上。对于矩形或方形烟道，采样孔应设在包括各测定点在内的延长线上。

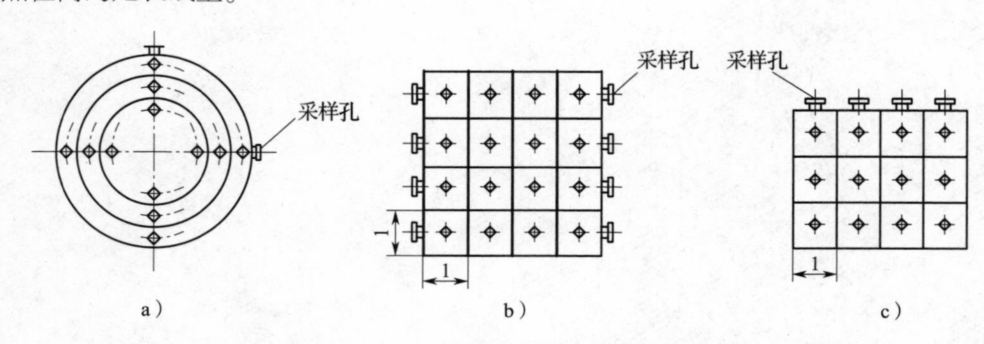

图 13—1　不同形状烟道采样孔开设方法示意

a）圆形断面的测定点　b）方形断面的测定点　c）矩形断面的测定点

2. 采样点数

对于圆形烟道，将烟道分成适当数量的等面积同心环，各测点选在各环等面积中

心线与呈垂直相交的两条直径线的交点上，其中一条直线应在预期浓度变化最大的平面内。如烟道是垂直管段，或离弯头、阀门、变径管下游和上游的距离符合采样位置要求，可只选预期浓度变化最大的一条直径线上的测定。如既符合条件，又流速均匀，且烟道直径小于0.3 m，可取烟道中心作为测点。不同直径烟道的测点数与烟道直径以及烟道等面积环数的关系见表13—1。

表13—1　　圆形烟道分环及测点数的关系

烟道直径（m）	等面积环数	测量直径数	测点数
<0.3			1
0.3~0.6	1~2	1~2	2~8
0.6~1.0	2~3	1~2	4~12
1.0~2.0	3~4	1~2	6~16
2.0~4.0	4~5	1~2	8~20
>4.0	5	1~2	10~20

此外，对于测点距烟道内壁的距离有所规定。例如：当等面积环数为2时，第一个测点距烟道内壁距离为0.067D（D为烟道直径），第二个测点距烟道内壁距离为0.250D……当确定了环数和测点数时，测点距烟道内壁的距离见表13—2。

表13—2　　测点距烟道内壁距离（以烟道直径D计）

测点号	环数				
	1	2	3	4	5
1	0.146	0.067	0.044	0.033	0.026
2	0.854	0.250	0.146	0.105	0.082
3		0.750	0.296	0.194	0.146
4		0.933	0.704	0.323	0.226
5			0.854	0.677	0.342
6			0.956	0.806	0.658
7				0.895	0.774
8				0.967	0.854
9					0.918
10					0.974

对于矩形或方形烟道，将烟道断面分成适当数量的等面积小块，各块中心即为测点。小块数量的选取方法见表13—3。烟道断面积小于0.1 m^2，流速分布比较均匀、对称，并符合前面提到的采样位置要求，可取断面中心作为测点。

表 13—3　　矩（方）形烟道的分块和测点数

烟道断面积（m^2）	等面积小块长边长度（m）	测点总数
<0.1	<0.32	1
0.1~0.5	<0.35	1~4
0.5~1.0	<0.50	4~6
1.0~4.0	<0.67	6~9
4.0~9.0	<0.75	9~16
>9.0	≤1.0	≤20

二、扩展知识：排气参数的测定方法

1. 排气温度的测定

一般情况下可在靠近烟道中心的一点测定。测定时使用热电偶，或电阻温度计，或水银玻璃温度计。

2. 排气中水分含量的测定

排气中水分含量的测定可根据不同测量对象，选择冷凝法、干湿球法或重量法中的一种测定。

（1）冷凝法。冷凝法装置如图 13—2 所示。由烟道抽取一定体积的排气，使之通过冷凝器，根据冷凝出来的水量，加上从冷凝器排出的饱和气体含有的水蒸气量，计算排气中水分的含量。

排气中水分含量计算：

$$X_{SW}=\frac{461.8(273+t_r)G_W+P_V V_a}{461.8(273+t_r)G_W+(B_a+P_r)V_a}\times 100$$

式中　X_{SW}——排气中水分含量体积百分数，%；

t_r——流量计前气体温度，℃；

G_W——冷凝器中的冷凝水量，g；

P_V——冷凝器出口饱和水蒸气压力（可根据冷凝器出口气体温度从空气饱和时水蒸气压力表种查得），Pa；

B_a——大气压力，Pa；

P_r——流量计前气体压力，Pa；

V_a——测量状态下抽取烟气的体积（$V_a \approx Q'_r t$），L；

Q'_r——转子流量计读数，L/min；

t——采样时间，min。

（2）干湿球法。干湿球法是使气体在一定的速度下流经干湿球温度计。根据干湿球温度计的读数和测点处排气的压力，计算出排气的水分含量。装置如图 13—3 所示。

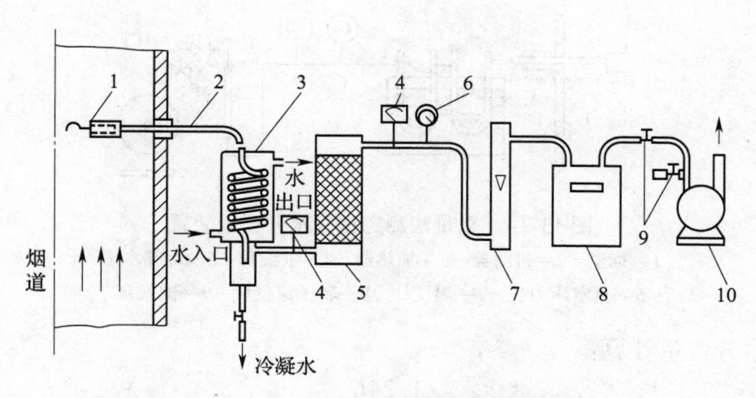

图 13—2　冷凝法测定排气水分含量装置

1—滤筒　2—采样管　3—冷凝管　4—温度计　5—干燥管　6—真空压力表

7—转子流量计　8—累积流量计　9—调节阀　10—抽气泵

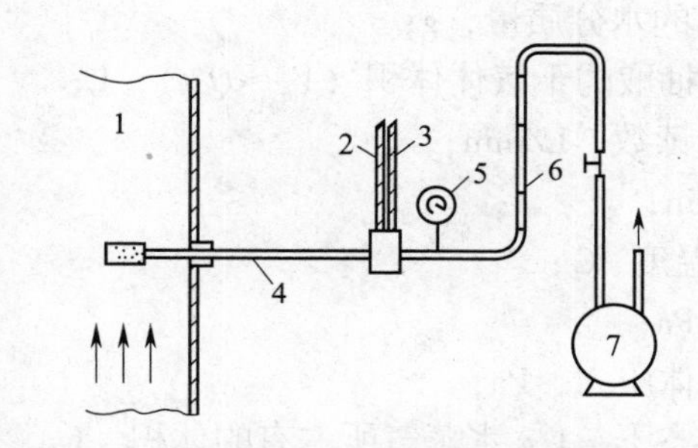

图 13—3　干湿球法测定排气水分含量装置

1—烟道　2—干球温度计　3—湿球温度计　4—保温采样管

5—真空压力表　6—转子流量计　7—抽气泵

排气中水分含量计算：

$$X_{SW}=\frac{P_{bV}-0.00067(t_c-t_b)(B_a+P_b)}{B_a+P_s}\times 100$$

式中　X_{SW}——排气中水分含量体积百分数，%；

P_{bV}——温度为 t_b 时饱和水蒸气压力（根据 t_b 值，由空气饱和时水蒸气压力表中查得），Pa；

t_c——干球温度，℃；

t_b——湿球温度，℃；

B_a——大气压力，Pa；

P_b——通过湿球温度计表面的气体压力，Pa；

P_s——测点处排气静压，Pa。

（3）重量法。重量法是由烟道中抽取一定体积的排气，使之通过装有吸湿剂的吸湿管，排气中的水分被吸湿剂吸收，吸湿管的增重即为已知体积排气中含有的水分量。测定装置如图 13—4 所示。

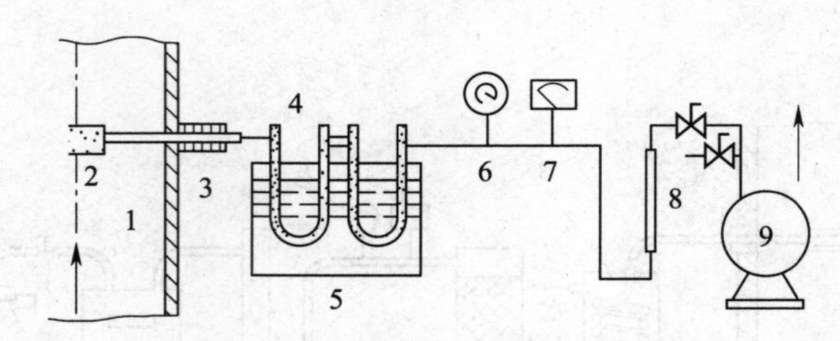

图 13—4　重量法测定排气水分含量装置

1—烟道　2—过滤器　3—加热器　4—吸湿管　5—冷却水槽
6—真空压力表　7—温度计　8—转子流量计　9—抽气泵

排气中水分含量计算：

$$X_{SW}=\frac{1.24G_m}{V_d\left(\frac{273}{273+t_r}\times\frac{B_a+P_r}{101\ 325}+1.24G_m\right)}\times 100$$

式中　X_{SW}——排气中水分含量的体积百分数，%；

G_m——吸湿管吸收的水分质量，g；

V_d——测量状况下抽取的干气体体积（$V_d\approx Q'_r t$），L；

Q'_r——转子流量计读数，L/min；

t——采样时间，min；

t_r——流量前气体温度，℃；

B_a——大气压力，Pa；

P_r——流量计前气体压力，Pa；

1.24——在标准状态下，1 g 水蒸气所占有的体积，L。

3. 压力测定

烟道中气体的压力包括静压、动压和全压，通常用测压管测定，常用的仪器有皮托管和压力计。

（1）皮托管。皮托管有标准型皮托管和 S 形皮托管，如图 13—5、图 13—6 所示。

标准型皮托管是一个弯成 90°的双层同心圆管，前端呈半圆形，正前方有一开孔，与内管相通，用来测定全压。在距前端 6 倍直径处外管壁上开有一圈孔径为 1 mm 的小孔，通至后端的侧出口，用于测定排气静压。标准皮托管的测孔径很小，当烟道内颗粒物浓度大时，易被堵塞。它适用于测量较清洁的排气。

S 形皮托管是由两根相同的金属管并联组成。测量端有方向相反的两个开口，测定时，面向气流的开口测得的压力为全压，背向气流的开口测得的压力小于静压。S 形皮托管的测孔开口较大，不易被颗粒物堵塞，且便于在厚壁烟道中使用。

S 形皮托管在使用前必须用标准皮托管在风洞中进行校正。S 形皮托管的速度校正系数按下式计算：

$$K_{PS}=K_{PN}\sqrt{\frac{P_{dN}}{P_{dS}}}$$

式中　K_{PN}、K_{PS}——标准型皮托管和 S 形皮托管的速度校正系数；

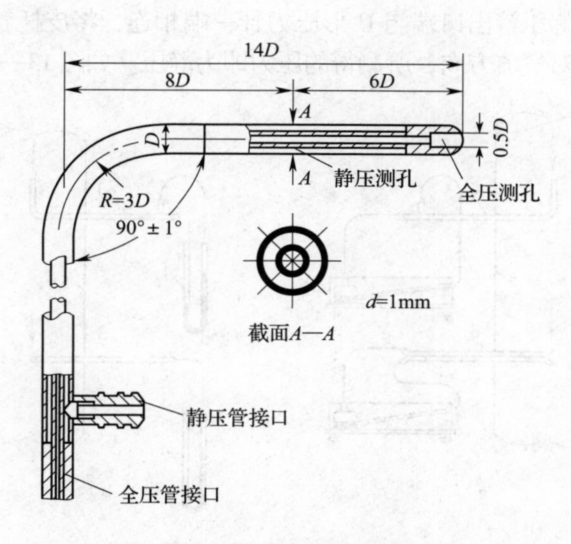

图 13—5　标准型皮托管

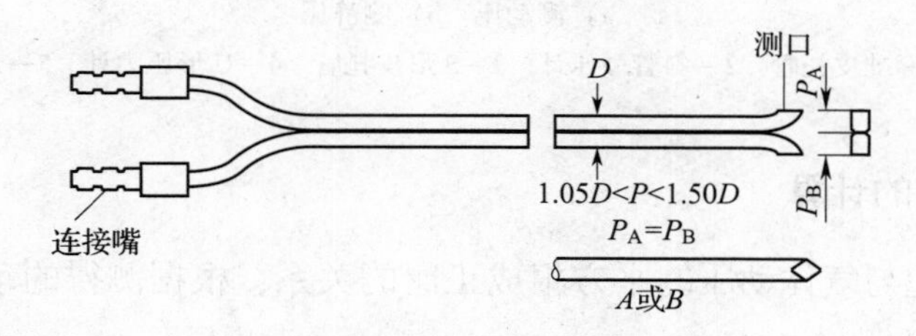

图 13—6　S 形皮托管

P_{dN}、P_{dS}——标准型皮托管和 S 形皮托管测得的动压值，Pa。

（2）压力计。压力计有 U 形压力计、斜管微压计和大气压力计。

U 形压力计用于测定排气的全压和静压，由 U 形玻璃制成，内装测压液体，常用测压液体有水、乙醇和汞，视被测压力范围选用。U 形压力计的误差较大，不适宜测量微小压力。

斜管微压计用于测定排气的动压，测量范围 0 ~ 2 000 Pa。测压时，将微压计容器开口与测定系统中压力较高的一端相连，斜管与系统中压力较低的一端相连，作用于两个液面上的压力差使液柱沿斜管上升。通过斜管的角度、两液面截面积、液体密度、斜管长等求出所测压力。

（3）测量气流动压。将皮托管插入采样孔。使用 S 形皮托管时，应使开孔平面垂直于测量断面插入。如断面上无涡流，微压计读数应在零点左右。使用标准皮托管时，在插入烟道前，切断皮托管和微压计的通路，以避免微压计中的酒精被吸入到连接管中，使压力测量产生错误。在各测点上，使皮托管的全压测孔正对着气流方向，其偏差不得超过 10°，按图 13—7a 方式连接，测出各点动压。

（4）测量排气的静压。将皮托管插入烟道近中心的一个测点。使用 S 形皮托管测量时只用其一路测压管。其出口端用胶管与 U 形压力计一端相连，将 S 形皮托管插入烟道近中心处，使其测量端开口平面平行于气流方向所测得的压力即为静压；使用标准型皮托管时，用胶管将其静压管出口端与 U 形压力计一端相连，将皮托管伸入到烟道近中心处，使其全压测孔正对气流方向，所测得的压力即为静压。如图 13—7b 所示。

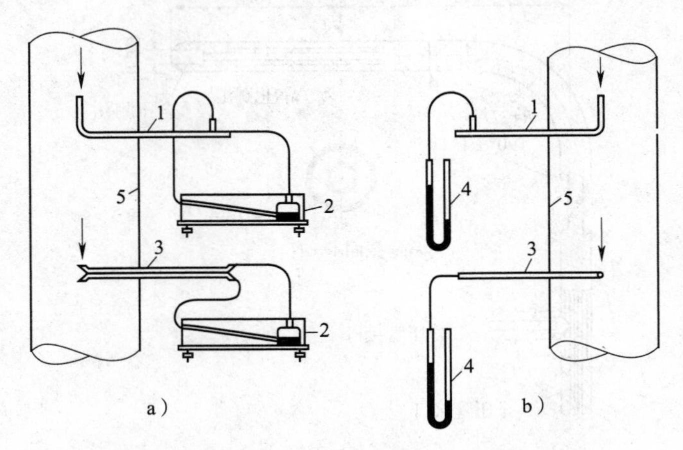

图 13—7 动压及静压的测量装置

a）测动压 b）测静压

1—标准皮托管 2—斜管微压计 3—S 形皮托管 4—U 形压力计 5—烟道

4. 排气流速的计算

利用气体流速与气体动压的平方根成正比的关系，根据测得的动压计算气体的流速。测点气体流速：

$$v_s = K_p\sqrt{\frac{2P_d}{\rho_s}}$$

式中 v_s——湿排气的气体流速，m/s；

K_p——皮托管修正系数；

P_d——排气动压，Pa；

ρ_s——湿排气的密度，kg/m^3。

排气密度：

$$\rho_s = \frac{M_s(B_a + P_s)}{8\ 312 \times (273 + t_s)} \qquad \left(8\ 312 = \frac{22.4 \times 101\ 325}{273}\right)$$

式中 M_s——湿排气气体的分子量，kg/kmol；

B_a——大气压力，Pa；

P_s——测点处排气静压，Pa。

t_s——排气温度，℃。

所以测点气体流速：

$$v_s = 128.9K_p\sqrt{\frac{(273 + t_s)P_d}{M_s(B_a + P_s)}}$$

当干排气成分与空气近似，排气露点温度为 35 ~ 55℃、排气的绝对压力为 97 ~ 103 kPa 时，将空气平均分子量 29.0 和常压条件 $B_a + P_s = 101\ 325$ 代入，v_s 可按下式

计算：

$$v_s = 0.076K_p\sqrt{273+t_s}\sqrt{P_d}$$

所以常温（$t=20$℃）、常压条件下，通风管道的空气流速可用 v_a 表示（将 $t_s=20$℃代入上式）：

$$v_a = 1.29K_p\sqrt{P_d}$$

式中　v_a——常温常压下通风管道的空气流速，m/s。

【示例】用系数0.85的S形皮托管测得烟道内烟气动压为83.4 Pa，同时测的烟气温度为250℃，烟气静压为-133.4 Pa，烟气平均分子量为31，大气压力为107.7 kPa，求烟气的流速。

解：根据题目已知 $K_p=0.85$，$P_d=83.4$ Pa，$P_s=-133.4$ Pa，$B_a=107.7$ kPa，$t_s=250$ ℃，$M_s=31$。

$$\begin{aligned} v_s &= 128.9K_p\sqrt{\frac{(273+t_s)P_d}{M_s\ (B_a+P_s)}} \\ &= 128.9\times 0.85\times\sqrt{\frac{523\times 83.4}{31\times(107\ 700-133.4)}} \\ &= 12.5(\text{m/s}) \end{aligned}$$

5. 排气流量的计算

（1）工况条件下的湿排气流量 Q_s 按下式计算：

$$Q_s = 3\ 600F\bar{v}_s$$

式中　Q_s——工况下湿排气流量，m³/h；

F——测定断面面积，m²；

$\bar{v}_s$——测定断面的湿排气平均流速，m/s。

$\bar{v}_s$ 由下式计算：

$$\bar{v}_s = \frac{\sum_{i=1}^{n} v_{si}}{n} = 128.9K_p\sqrt{\frac{273+t_s}{M_s(B_a+P_s)}}\times\frac{\sum_{i=1}^{n}\sqrt{P_{di}}}{n}$$

式中　v_{si}——断面上各测点的流速，m/s。

P_{di}——某一测点的动压，Pa；

n——测点数。

（2）标准状态下干排气流量 Q_{sn} 按下式计算：

$$Q_{sn} = Q_s\frac{B_a+P_s}{101\ 325}\times\frac{273}{273+t_s}(1-X_{sw})$$

式中　Q_{sn}——标准状态下干排气流量，m³/h；

X_{sw}——排气中水分含量体积百分数，%。

（3）常温常压条件下，通风管道中空气流量按下式计算：

$$Q_a = 3\ 600F\bar{v}_a$$

式中　Q_a——通风管道中空气流量，m³/h；

$\overline{v}_a$——通风管道中某一断面的平均空气流速，m/s。

可按下式计算：

$$\overline{v}_a = 1.29K_p \frac{\sum_{i=1}^{n} \sqrt{P_{di}}}{n}$$

【示例】一烟道直径1.5 m，测得的烟气平均流速为17.0 m/s，烟气温度127℃，烟气静压-1 600 Pa，大气压力107.7 kPa，烟气中含湿量为9%。求标准状态下干烟气流量。

解：

$$Q_{sn} = Q_s \frac{B_a + P_s}{101\ 325} \times \frac{273}{273 + t_s} (1 - X_{sw})$$

$$Q_{sn} = \overline{v}_s F \times 3\ 600 \times \frac{107\ 700 - 1\ 600}{101\ 325} \times \frac{273}{273 + 127} (1 - 9\%)$$

$$= 17 \times 3.14 \times \left(\frac{1.5}{2}\right)^2 \times 3\ 600 \times 0.650$$

$$= 7.02 \times 10^4 (m^3/h)$$

所以，标准状态下干排气流量为$7.02 \times 10^4\ m^3/h$。

三、实训过程：排气中颗粒物的测定

排气中颗粒物的测定采用的是重量法。按等速原则从烟道中抽取一定体积的含颗粒物烟气，通过已知重量的滤筒，烟气中的尘粒被捕集，根据滤筒在采样前、后的重量差和采样体积，计算颗粒物排放浓度。

等速采样法是将烟尘采样管由采样孔插入烟道中，使采样嘴置于测点上，按颗粒物等速采样原理，即采样嘴的吸气速度与测点处气流速度相等，抽取一定量的含尘气体。根据采样管滤筒上所捕集到的颗粒物量和同时抽取的气体量，计算出排气中颗粒物的浓度。

维持颗粒物等速采样的方法有普通型采样管法（即预测流速法）、皮托管平行测速采样法、动压平衡型采样管法和静压平衡型采样管法。可根据不同测量对象状况，选用其中的一种方法。

1. 普通型采样管法（预测流速法）测定

采样原理：采样前，预先测出各样点处的排气温度、压力、水分含量和气流速度等参数，结合所选用的采样嘴直径，计算出等速采样条件下各采样点所需的采样流量，然后按该流量在各测点采样。

等速采样流量计算：

$$Q'_r = 0.000\ 47 d^2 v_s \left(\frac{B_a + P_s}{273 + t_s}\right) \left[\frac{M_{sd}\ (273 + t_r)}{B_a + P_r}\right]^{1/2} (1 - X_{sw})$$

式中 Q'_r——等速采样流量，即转子流量计的流量读数，L/min；

d——采样嘴直径，mm；

v_s——测点气体流速，m/s；

B_a——大气压力，Pa；

P_s——排气静压，Pa；

P_r——转子流量计前气体压力，Pa；

t_s——排气温度，℃；

t_r——转子流量计前气体温度，℃；

M_{sd}——干排气气体分子量，kg/kmol；

X_{sw}——排气中水分含量体积百分数，%。

测定常温常压下管道颗粒物浓度时，气体的含湿量和气体成分均可忽略不计（用温度20℃，压力 101 325 Pa，空气分子量 29 代入上式），等速采样流量按简化公式计算：

$$Q'_r = 0.047vd^2$$

式中　v——采样点气体流速，m/s；其他同上。

颗粒物浓度计算：

$$\text{颗粒物浓度}\ (\text{mg/m}^3) = \frac{m}{V_{nd}} \times 10^6$$

式中　m——滤筒捕集的颗粒物量，g；

V_{nd}——标准状态下干气的采样体积，L。

使用转子流量计且前面装有干燥器时，V_{nd}由下式计算：

$$V_{nd} = 0.27Q'_r\sqrt{\frac{B_a + P_r}{M_{sd}(273 + t_r)}} \times t$$

普通型采样管法测定颗粒物浓度的采样装置与前面讲过的利用冷凝法测定排气中水分含量的装置是相同的（见图 13—2）。

采样管有玻璃纤维滤筒采样管和刚玉滤筒采样管两种，如图 13—8 和图 13—9 所示，前者用于采集 500℃以下的烟气，后者用于采集 850℃以下的烟气。

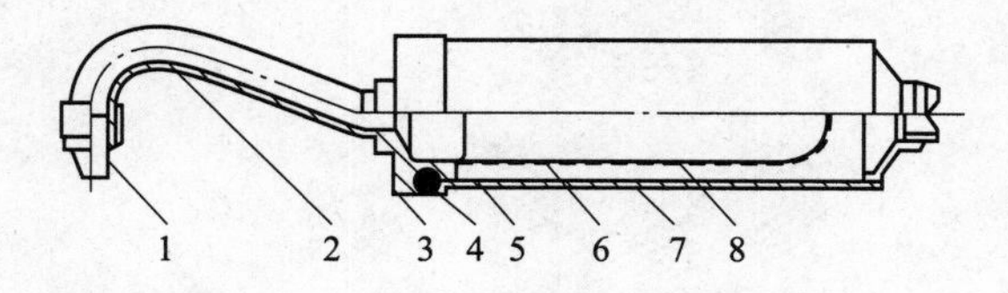

图 13—8　玻璃纤维滤筒采样管

1—采样嘴　2—前弯管　3—滤筒夹压盖　4、5—滤筒夹　6—不锈钢托　7—采样管主体　8—滤筒

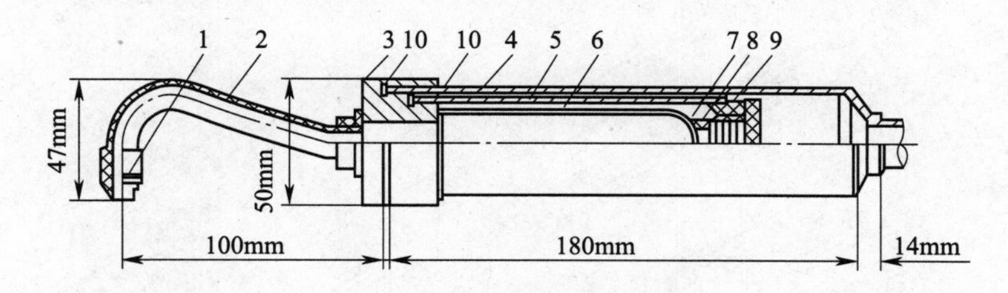

图 13—9　刚玉滤筒采样管

1—采样嘴　2—前弯管　3—滤筒夹前体　4—采样管主体　5—滤筒夹中体

6—刚玉滤筒　7—滤筒托　8—耐高温弹簧　9—滤筒夹后体

2. 皮托管平行测速采样法测定

皮托管平行测速采样法与普通型采样管法基本相同，将普通采样管、S 形皮托管和温度计固定在一起，采样时将三个测头一起插入烟道中同一测点，根据预先测得的排气静压、水分含量和当时测得的测点动压、温度参数，结合选用的采样嘴直径，由编有程序的计算机及时算出等速采样流量（等速采样流量的计算与预测流速法相同）。继而可测出和算出颗粒物浓度。此法的特点是当工况发生变化时，可根据所测得的流速等参数值，及时调节采样流量，保证颗粒物的等速采样条件。